植物学とオランダ

大場秀章

植物学とオランダ

八坂書房

植物学とオランダ　目次

はしがき

オランダを訪れた最初はいつだったのか、はっきりとは覚えていない。ロンドンだかパリだかを訪問した帰路に一寸立ち寄ったのだった。ライデンにも足を延ばした。しかしその後はチャンスもなく過ぎたが、十数年前からは私のオランダ訪問は頻繁化した。一九九二年、まだ解放前のソビエト科学アカデミー図書館に保管されていたシーボルト収集の日本植物画コレクションの出版に誘われたことを契機に、私はシーボルトの植物学への貢献についての研究を本格的にやってみようと考えるようになっていた。それを決定的なものにしたのは、日蘭友好四〇〇年を記念してライデン大学から勤務先だった東京大学にシーボルトの植物標本コレクションの一部約四〇〇〇点の寄贈を受けたことである。この寄贈標本を中心に『シーボルトの二十一世紀』と題した企画展を東京大学で開催するなど、私のシーボルトへの関心は一気に高まり、彼のコレクションがあるオランダ、とくにライデンには頻繁に足を運ぶようになった。

大半は標本室や図書室などで過ごす短期の出張の繰り返しだったが、私自身がシーボルトを迎え入れたオランダそのものにも少しずつ魅せられていくのを感じるようになっていた。植物学史でもオランダは重要な役割りを果した地域である。シーボルトが日本から導入したユリやアジサイなどが核となり園芸の分野でもオランダは世界の中心のひとつとなった。だが、何よりも心惹かれるのは溢れるばかりの緑に被われた風土だ。山こそないもののその自然は私にとって味わい深く、潤いがあり、魅力的でさえあった。

オランダ南東部に位置するマーストリヒトの自然史博物館には、同地や周辺から出土した石器時代の遺物が展示されていた。沿岸の干拓地はともかく、狩猟や漁労で暮した人々が古くからオランダの地を去来したことだろう。ローマ帝国からはるばる、ガリア地方平定のために行軍したユリウス・カエサルスは、ローマ軍に恭順したバタウィー人のことを『ガリア戦記』に記している。またタキトゥスは『ゲルマニア』でフリィースィーやカマウィーにも言及する。有史時代の幕開けといってもよい。

オランダの歴史はヨーロッパのたどった歴史の無視できない一部をなすものであり、ときには力学の中心として、また均衡維持の場や草刈場として脚光を浴びたことなどを学んだことを思い出す。植物や植物学史の史跡を探しての私の旅ではあるが、随所で目にする碑文などを通して、歴史とそれを証す様々な事物、さらには地形などに刻まれた人跡との出会いもヨーロッパならではの楽しみである。また、ときにはブルゴーニュやハプスブルクの残照が歴史好きだった頃を思い出させるように照りつけることもあった。

本書は、二〇〇六年七月から三ヵ月オランダに滞在した折に書いたノートを中心に、ライデンその他のオランダの諸都市、自然、植物、さらには大地の随所に刻み込まれた歴史の痕跡などについて、私の思うがままを書き綴ったものである。オランダに限ることなくヨーロッパは植物や植物学を愛好する目からは他ではえられない魅力に溢れた地であると私は思っている。だが、この拙い記録にもとづく本書が、心地よい緊張と知的興奮に包まれては過ぎた喜び多い日々の見聞、印象を的確に読者諸賢に伝えることができるのだろうか。いささか心もとなくもある。

0 10 20 30 40 km
西フリージア諸島
アメラント島
スヒールモニコーフ島
テルスヘリンク島
ワッデン海
ホルウェルト
フリーラント島
レーワルデン
フロニンヘン州
フロニンヘン
ハーリンヘン
フリースラント州
アイセル湖
（ゾイデル海）
ノールト・ホラント州
ドレンテ州
エンクハイゼン
ホールン
エダム
フォレンダム
モニッケンダム
ズボレ
オーヴェルアイセル州
フレヴォラント州
ハールレム
アムステルダム
ヘームステーデ
ワセナール
ハルダーワイク
ウッセル川
キューケンホフ
オランダ
アメルスフォート
アムスフェーン
ライデン
ユトレヒト
ハーグ
ユトレヒト州
ヘルダーラント州
デルフト
ゴーダ
ワーヘニンヘン
アルンヘム
ジュイト・ホラント州
ロッテルダム
ドルトレヒト
ワール川
ナイメーヘン
マース川
クレーブ
ドイツ
スヘルトヘンボシュ
ゼーラント州
ブレダ
ティルブルク
ノールト・ブラバント州
ミッテルブルク
ライン川
エイントホーフェン
リンブルク州
ベルギー
ヘント
ルーヴェン
ブリュッセル
マーストリヒト

オランダ全図

ライデン点描

北海に面するオランダ西部の地域は後世の埋め立てによって生じた土地であり、どこまでも平坦な大地が続く。空の玄関スキポール空港から鉄道でライデンに向かう途中で、はやくもこの事実に出会う。牧草で青々と染まった広大な農地が地平線まで続き、そのところどころを掘割が走り、なかには何艘ものボートが往来する運河もある。

一八七三（明治六）年二月二十四日、岩倉具視を長とする使節団はブリュッセルからハーグに着き、汽車でオランダ入りをした。二週間にも満たないオランダ滞在であったが、二十八日彼らは久米邦武が「来丁」と書くライデンを訪問している。この時、ハーグからライデンに彼ら一行を案内したのはポンペ博士だった。長崎海軍伝習所教官として幕末の一八五七（安政四）年に来日し、同六二（文久二）年まで滞在し、日本の医学に貢献したオランダ海軍軍医である。博士は時に六十余歳と記されている。久米の一行がどこを通ってライデンに向かったかは記されてはいないが、鬱蒼とした樹林や大邸宅が並ぶ大路とあるからワセナールを経由したにちがいない。その魅力溢れる久米の記述の一部をここに引用したい。

朝九時ヨリ「ドクトル、ポンペー」氏ノ案内ニテ、馬ニ駕シ、来丁府《レイデン》ニ趣ク、〇「ポンペー」氏ハ曾テ我長崎ニ来リテ、医業ヲ人ニ授ケルコト八年、本朝医学ノ進ミニ於テ、頗ル力アル人ナリ、一千八百六十二年ニ帰国ス、当時年六十余、其健ナル壮士ニ同シ、来丁ニユク馬車路ハ、「ハーヘ」ノ森ヨリ馳セテ東ニ赴ク、老樹森森トシテ、大路ヲ挟ミ、路ハ沙ヲ撒シ爽塏《そうがい》ナリ、時ニ林丘ニアヒ、清流ニアフ、王族貴戚ノ邸館アリテ、修繕甚タ潔ク、勝致多シ、是ヨリ沿途ノ田野モ、ヤ、爽塏ニテ、水平ヲ抽《ぬきん》ツル尺ニ過ク、牧草地ニ満チ、牛羊ノ群スルヲミル、邨落ハ処処ノ林藪《りんそう》ニ起リ、高塔ノ抽ツルヲミル、南北蘭ノ州州ニ於テ、爽土ニ属ス、十英里行ニテ来丁ニ達セリ、

来丁府《レイデン》ハ、人口三万八千九百四十三人アリ、荷蘭国第五ノ都会ニテ、来因河《ライン》ノ下流ニヨレリ、此来因河ハ、独逸西方ノ大河ニテ、源ヲ瑞士蘭《スイスラン》ノ「ポーチン」湖ニ発シテ、北流スルコト九百六十英里、有名ナル一大河ナリ、其河口ハ蘭境ニ至リ、数派トナリテ海ニ注ク、各其名称ヲカヘ、(中略)

府中ノ街路ハ、広豁《こうかつ》ナラサレトモ、修刷甚タ潔シ、大街ハ溝渠ヲ挟ミ、水清クシテ流穏カナ

リ、樹ヲ河岸ニ植エ、磚瓦ヲ道ニ敷ク、蘭国ノ都府ハ、一種ノ街法ニテ、河渠ヲ以テ車道ニカエ、行人ハ両岸ノ街上ヲ歩ス、車馬ノ喧閙《けんどう》少クシテ、男女歩ヲ拾フテ行ク、故ユ街上甚タ清潔ナリ、日ニ道ヲ払ヒ塵ヲ洗ヒ、時アリテ車来レハ、轔轔《りんりん》ノ声ハ遠キニ至ルマテ聞ユ、中ニモ此府ハ貿易ノ盛ナル地ニアラサレハ、殊ニ清潔ヲ完クスルヲ得ル、真ニ講文ノ郷ニヨロシ、（後略）

さすがに煉瓦道ばかりでなくなり、アスファルト敷の道路も増えはしたが、それでもここに引用した光景を今日のライデンから想像するのはさしてむずかしいことではない。大枠が変っていないからだろう。乗馬でライデン市内をいく一行のあり様が彷彿としてくるのだ。

私はふつう鉄道でライデンを訪ねる。ライデン中央駅で電車を降り、南の方角にラッペンブルク運河に向かって歩くのだが、まず駅前の広場が平坦ではなく、緩やかな起伏をもつことに驚かされる。駅前のことでもあり、これは人工的なものか、と思って通り過ぎるのだが、ラインスビュルガー運河に架る橋を渡ってなお歩み続けても、決して道は平坦にはならない。

私はラッペンブルク運河に沿って建つホテル・ドゥ・ドーレンをライデンでの定宿にしているのだが、そこからは大学の中心ともいえるアカデミー・ヘボウ、ピータース教会は近い。付近一帯は小径が縦横に走るが、どれもが緩やかな起伏をともなっているのである。

0
100m
300m
500m
コイ
公園
シーボルト通り
出島通り
ジル門
ハーレマストラート通り
旧ライン川
アンケル
公園
ジル運河
城砦
ルハト）
ホーフランツェ
ケルクフラハルト通り
ホーフ
ランツェ
教会
ライン川

ライデン中央駅
ライデン大学医療センター
国立自然史博物館（ナチュラーリス）
駅前通り
ラインスピュルガー運河
デ・ファルク風車博物館
国立民族学博物館
モルス運河
市立博物館
モルス門
プット風車
ハーレマストラート通り
レンブンラント広場
ライン河
旧商船学校
ノードアインデ通り
レンブラント通り
ブレストラート通り
シーボルトハウス
ラッペンブルク通り
ウィッテ運河
国立古代史博物館
計量所
市庁舎
ピータース教会
アカデミー・ヘボウ
植物園
クルシウス薬草園
スティーンシュウル運河
ウィッテ運河
メイフラワー号出航記念碑

ライデン旧市街

なぜ平坦ではないのか、長らく不思議だったが、今回こうした起伏がかなり連続的であり、波のように起伏がいくつも並行することを知った。このことは、ライデンの少なくとも旧市内の一部が、埋立による造成ではなく、かつての海岸の砂浜や小砂丘だったところに、地ならしもせずに家を建て、道を造って発展してきた町であることを証している。ライデンからも近い海浜リゾート地ノルトヴィックの背後にある砂丘が思い浮かぶ。かつてのライデンはちょうどノルトヴィックのように砂丘を拓いて発展していったにちがいない。

これと対照的なのがライデン中央駅の西側である。一九八〇年代の前半に初めてライデンを訪れたとき、そこは広大な湿地が広がり、建物といえば伝染病の隔離病棟と聞いた大きな平屋建ての建物がいくつかみられただけだったことを思い出す。そこはいまほぼ完全に埋め立てられ、ライデン大学医療センター、それにナチュラーリスと呼ばれるオランダ国立自然史博物館や、私が通うライクス・ヘルバリウムすなわち、オランダ国立植物学博物館ライデン大学分館、工場団地などがあり、昔日を知らない人にはそこがかつて広大な湿地であったことなど想像さえできないだろう。しかしその道々はまったく平坦そのもので、駅の東南側に広がる旧市内の緩やかな起伏をともなう道路とは対照的である。

オランダでも古い歴史を有するライデンには、起伏のある地形にかぎらず不思議な点がほかにもいくつかある。そのひとつは、オランダやベルギーの都市でよくみる、教会とそれに対面する市庁

ライデン点描（1）

上．国立自然史博物館（2005年2月）

右．メイフラワー号出航記念碑（2004年2月）

左．旧王立自然史博物館（2005年2月）

舎とそれに挟まれた広場という構造がライデンにはないことである。ピータース教会をはじめ、ホーフランツェ教会など、ライデン市内にある教会はどれも広場といえるほどの広場をもっていない。また市庁舎も広場といえるほどの広場をともなっていないし、それに対峙する教会がない。こうした町の構造は当然ライデンのたどってきた歴史と関係しているはずである。

ライデン市の歩み

ライデンは中世にオランダの名称を生んだホラント伯爵の居住地として発展したといわれている。私邸の礼拝堂が一五一二年にはライデン最初の教会、ピータース教会になり、今日も市民に親しまれている。

ライデンの歴史はなかなか興味深い。ネーデルランドと呼ばれたオランダは十一世紀後半から長いことホラント伯の管轄下にあった。その後統治はブルゴーニュ公のもとに移り、とくに十六世紀のカール五世の時代はブリュッセルに国家の中枢が置かれ、繁栄した。しかし一五五六年にカール五世（スペイン王としてはカルロス一世）が王位を退くと、弟のフェルディナント一世とカール五世の唯一人の息子であるフェリペ二世との間で領地が分割され、ネーデルランド（今日のオランダ、ベルギー、ルクセンブルクを含む）はフェリペ二世のスペイン王国の支配下に置かれたのである。ドイツに端を発した宗教戦争の波はネーデルランドにも押し寄せ、カトリックを信奉するスペイ

「北東からみたライデンの眺め」1650年
ヤン・ファン・ホイエン　Johan van Goyen, 1596-1656
ライデン、ラーケンハル市立美術館蔵

ン王家と新教側につく民衆との間で騒乱を生じ、それがもとで一五六八年には八十年戦争と呼ばれる長期の戦乱に陥った。ときのオランダ支配者として即位してまもないスペイン国王フェリペ二世は、妹でもある執政のパルマ公女マルハリータ（マルグリート）に命じ、新教にたいする異端審問の強化を打ち出した。しかしこの措置は宗教を超えて経済的混乱をも引き起したため、マルハリータは審問の一時的な緩和を発表した。この発表が亡命中の改革派信徒の帰国を促し、彼らは各地でカトリック教会や修道院を標的にした破壊活動を起した。

ところで一五六四年からの数年はヨーロッパの気候は寒冷周期に入っていた。そのため、寒さは厳しく、一五六六年にはオランダが穀物の輸入を依存してきたバルト海沿岸では戦乱のためパンなどの食料が値上がりし、輸出どころではなく、「飢餓の年」と呼ばれるほどの経済的混乱状態が発生していた。食糧危機は死活につながり、暴動は宗教問題を超えていたといえる。

事態の深刻さに気付いた国王は、秩序回復のため一五六七年にネーデルランドに大軍を派遣し、ブリュッセルをはじめ南方から騒擾鎮圧を進めた。しかし、オランダの貴族の反応は複雑だった。ヨーロッパ中部の大貴族であったナッサウ＝ディレンブルク伯爵ウィレム・デ・レイケの長男で、後の初代ナッサウ＝オラニエ公ウィレム一世と弟のヤン・デ・アウデ（後のナッサウ＝ズィーケン伯爵）は最初ドイツに逃れるものの、亡命者を動員してスペイン王家にたいして反撃にでた。このとき、ネーデルランドの北部七州とフランデレン、ブラバント（ベルギー北部のオランダ語圏）（これを合わせた版図が今日のオランダである）はナッサウ伯爵側、一方南部諸州はスペイン王家の側に加担した。このときの二分裂は、結果として後のネーデルランドのオランダとベルギーへの分裂の端緒となった。

フランドル地方での毛織物工業発達の余波を受け、毛織物の生産に成功したライデンは、いっとき、アムステルダムに次ぐ、オランダ第二の都市となった。この発展の礎となったのは、イギリスから輸入した羊毛を毛織物に加工する、地の利を活かしての加工産業であった。この新しい毛織物工業は、伝統的な同業者組合の束縛を受けることもなかったため、都市部だけでなく農村にも広まっていき順調な発展につながった。発展をさらに飛躍させたのは、スペイン軍の包囲から解放され

ライデン点描（2）

右上．デカルト居住の表示．ラッペンブルク．

左上．レンブラント広場．レンブラントはこの付近で生まれた．

中央．レンブラント広場にも近いラインに架かる跳ね橋とデ・プト公園の復元水車．

下．ラーケンハル（左側の建物）．現在は市立博物館になっている．（写真はいずれも2006年8月）

ライデン点描（3）

右上．市立公会音楽堂．ブレストラート通り．1890-91年に建設された．（2006年7月）

左上．ラインランドハウス．ブレストラート通りに建つ．1597-98年に建設された．その後改修されたが、ライデンに現存する古い建物のひとつ．（2006年9月）

た一五七四年以降、カトリック勢力が優勢なフランドルなど、南部地方から亡命してきたユグノー派などの新教徒難民であった。当時のライデン市の人口は約四万五千人と推定され、実にその六〇パーセント以上をこうした難民が占めていたといわれるほど、その数は大きなものだった。

フランドル地方などからの難民は、それまでライデンでは知られていなかった新しい毛織物技術を伝え、十六世紀末から十七世紀にかけては高級品から低級品まで、一九〇種類にも及ぶ毛織物がライデンで生産されていたという。こうしてライデンは十七世紀に、ヨーロッパ最大の毛織物工業都市に成長したのである。今日のライデンからはかつての羊毛産業の発展ぶりをしのぶことは困難だが、もと羊毛取引所「ラーケンハル」だった、現在の市立博物館の建物や立地はかすかに繁栄の片鱗をとどめている。

ライデン市民の誇り

先の八十年戦争さなかの一五七三年から翌年にかけて、ライデンはスペイン軍に完全に包囲された。そのとき、市民は城砦に籠城し、粗食に耐えた。スペイン軍が包囲を解き撤退し、ライデン市民が勝利を獲得したのは、一五七四年十月三日のことだと伝えられている。籠城した城砦（ブルハト）は、いまも新旧ライン川が合流する付近に残っている。

北部七州などの新教派は、カトリック派のルーヴェン大学（ベルギーのルーヴェン市にある）に対抗するかたちで新教の大学を建設することを決め、一五七五年にライデン大学が創設されることになった。いい伝えではスペインとの戦いで勝利したライデン市民に、オラニエ公が数年間の税金免除を提案したのにたいして、市民側はそれを拒否し大学の建設を望んだといわれている。

ドミニコ会修道女のために一五一六年に建てられたという修道院が、一五七五年の大学創設にともない校舎に転用されたのだが、いまもこの建物はアカデミー・ヘボウと呼ばれて現存し、卒業式、学位授与式など、大学の重要な諸行事、教授会、講演会などに使われている。

誰の目にもいまのライデンは大学を中心とした町にみえるが、大学が市中の土地の大半を所有・管轄し、運営する、オックスフォードやケンブリッジのような「大学町」ではない。むしろ大学と

ライデン、城砦（ブルハト）
右上．遠景．
左上・左下．城砦の入り口にみる紋様飾り．
中央．井戸跡．
右下．狭間のある城壁．
（写真はいずれも2006年8月）

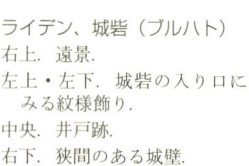

ラッペンブルク運河周辺
左．ピータース教会．(2005年3月)
右上．ライデン大学アカデミー・ヘボウ（中央）．(2005年3月)
右下．アカデミー・ヘボウ地階の講堂．(2005年3月)

は独立して存在する市との強い連携に特色があるといえるだろう。それでも大学あってのライデンであり、大学は市民の誇りでもあり、大学も市側も、大学人も市民もそれをよく理解しているといえる。今日でも自由と誇りを大切にする気運が私の知るオランダのどこよりも強いと感じるのは、ライデンの歩んだ歴史が反映していよう。

大学の町であるライデンの中心部は小さくもあり、それだけに普段は静かでもある。古色蒼然とした建物が多いが、それと隣り合せに超モダーンな建物が建っていたりもする。風光は悪くはない。ライデンは画家レンブラントの生れ育った町でもある。レンブラントの描いた風景にライデンの光を感じるのは私だけではないだろう。彼の作品の一角を町中に発見することはたやすい。

コーンマーケット

計量、とくに重量物のそれには秤が必要だが、個人でそれを所持し、計量値についての信頼をえるのはむずかしい。そのため取引には欠かせない量目を測るための設備を備えた計量所が都市には欠かせなかった。ヨーロッパの古くからの都市にはいまも計量所（オランダ語ではwaag）が残っている。商品の量目を証明する証書がないと税の算定もできず、取引もできなかったはずだ。都市にとって重要な役割を担っていたので、計量所には小さいながらも立派な建物が多い。建物の重厚さは、天井から吊した大きな天秤が相当量の重さに耐える構造上の必要性にもよっていよう。

ライデンにも計量所が残っている。それは新旧のライン川が合流するあたりの運河沿いに建っていて、昔は舟などで運ばれる穀類の計量で建物内は日々賑やかだったことだろう。アムステルダムの北に位置するホールンでは、いまも残るかつての東インド会社の本部だった建物と広場を挟んで向かい側に計量所の建物（いまはカフェ・レストランになっている）が残っている。その高い天井から吊り下がる秤では、相当な重量の物資が計量されていた。

ナッサウ＝ディーツ家の本拠地であったフリースランド州の州都レーワルデンの計量所はさらに立派だ。その名も計量所広場に残るその建物は、ルネサンス期の一五九五年から九八年に建設され

ライデンと運河
右上．新ラインに沿う一角．（2006年8月）
左上．新旧ラインの合流点付近．手前は水上カフェ．（2006年7月）
中上．ハルヘワター付近のライン．（2005年2月）
中下．ラインに沿うアポテカースダイクからステイルライン通り．（2005年3月）
下．ラッペンブルク運河．（2006年9月）

「ライデンの冬景色」1660年代
アブラハム・ビアストラーテン　Abraham Beerstraaten, 1635-1665頃に活躍
サンクト・ペテルブルグ、エルミタージュ美術館蔵

たという古い歴史をもち、町の中心部を囲むように東西南北から入り込む運河に面して建っている。

オランダの多くの町にあるもののひとつにコーンマークトとかそれに類した名の広場がある。これは文字通り穀物の取引、つまり売り買いがなされた広場で、トウモロコシを売っていた広場ではない。Kornすなわち英語のcornとは普通はムギ類、すなわちコムギ、オオムギ、ライムギ、オートムギをいう。あるガイドブックにはトウモロコシが取引されたと書いてあったが、南米原産のトウモロコシがヨーロッパで栽培されるのはコロンブス以降のことである。

ライデンには穀物広場なる名をもつ広場がないことを奇妙に思っていたのだが、よく通る橋のひとつがコーレンブルク（穀物橋）、という名であ

ライデン点描（4）
右上．コーレンブンク（穀物橋）．
左上．コーレンブルクの屋根の下．
下．城砦からの眺め．中央はホーフランツェ教会．（写真はいずれも2006年8月）

ることを最近になって知った。運河が縦横に張り巡らされているライデンのような町では、売り手も買い手もよく舟を利用したにちがいない。この「穀物橋」は、市庁舎脇の新ライン川に架っているが、特徴は橋に屋根が付いていることだ。

市庁舎裏側の運河に面する側には、「市庁舎広場」と呼ばれる広場と呼ぶには憚るちょっとした空間がある。狭いながらも、かつてはここで盛んに物品の取引がなされていたことだろう。その屋根付きの穀物橋は位置的には「広場」の一角に架っているといってよい。橋の左右が屋根で被われ、雨にも濡れないつくりは、ナイロンやビニールもない時代に穀物を雨に濡らすことなく取引できたので重宝されたであろう。ライデンのコーレンブルクはヨーロッパでも最も古い部類に入る屋根付き橋だといわれている。

ところで舟を利用できないところからやってきた人たちは、荷馬車、あるいは馬を利用し穀類を運んできた。馬の場合は、背の左右に吊るした籠に均等になるように荷を収めて運ぶのである。ロバでもこれは同じだ。この振り分けにして着ける籠のことを英語ではpannierという。つまりパニエで、自転車やオートバイの荷台の左右に着ける物入れもパニエという。スカートのパニエはこの籠を逆さにしたような裾の広がったかたちのものだが、本来はスカートそのものよりも広げるための鯨骨や針金でつくるパニエに似た籠のような枠を指したのである。

ニシンの日

八月も下旬近くなると、ライデン市民や学生たちのヴァケーションはもはや終ったかのようだ。先週には小学校が始まり、今週（八月二十八日）からは高等学校や大学が始まり、また、入学式のシーズンにもなる。泊っているホテルは大学本部にも近いから、入学式に参加するためだろうか、あるいは子供や、孫の入学の機会にライデンを訪れたのだろうか、このところ、それらしい様子の宿泊客が目立つ。在学生による催しも多くなった。日曜日の今日は、一〇〇メートル以上もの長い白い布地を右手に掲げた大勢の学生が、ブラームスの「大学祝典序曲」にも使用された学生歌を口にしながら行進していった。

九月は勉学に絶好の天候が続く。気温もぐっと下がりさわやかだ。ライデンにかぎらずオランダ人の多くは一年で最もよい季節に五月上旬をあげる。チューリップをはじめ多くの球根や草本、それに萌え出たばかりの新緑が目にまぶしいばかりだからだろう。個人的な好みをいうと、私はあまり春が好きではない。あまりにも目まぐるしい自然の変化についていけないからである。それになぜか躁鬱の気分に陥るのだ。それに較べ秋は気分的にも落ち着き、振り返ってみると私の植物学から離れた旅行はこの季節に集中している。

毎年十月三日はライデンだけで催される盛大な祭りがある。それはスペイン軍が要塞に籠城した新教を支持するライデン市民を攻めていたときのことである。籠城した市民が要塞から大きな魚を掲げてスペイン軍にみせた。それをみたスペイン軍は、数ヵ月籠城を続けてもまだこんなに豊かな食べ物があるのかと勘違いし、包囲を解いて市内から出て行ったといわれている。それが十月三日だったらしい。つまりこの日はライデン解放の記念日というわけである。

何度もライデンを訪れてはいるものの、これまでこの祭りに出会ったことはなかった。ひとつにはこの日は避けた方がよいというアドバイスと、実際にホテルが取りにくいためだ

白い布を右手に掲げて行進する学生たち
（2006年8月27日）

が、今度は初めからこの祭りをみてから帰国するつもりでいた。

十月に入ると市の中心部のいたるところに大型トラックが何台も駐車し、翌日にはトラックから大観覧車、ジェットコースターなどの遊戯施設、食べ物や物品販売の屋台が忽然と現れ度肝を抜かれた。二日にはライデン一番の繁華街であるハーレマストラートと、市庁舎前を通るブレストラートを除くと、バスや大型トラックが通れる道路はほとんどすべてこの種のトラックに塞がれ通行できなくなった。また雨でも路上で歓談ができるように、乗用車がやっと通れるほどの狭い道路にもいたるところに天蓋が架けられていた。

三日の最も儀式的な行事は市庁舎に集まり、白いパンにニシンを挟んだものを食べる。このニシン付きのパンはそこにいけば誰でも無料で食べることができる。ライデンで発売されている*Leven in Leiden en Holland Rijnland*という商業誌の二〇〇六年第四号にちょうどこの十月三日の儀式のことが写真入りで紹介されていた。

パンに挟んでニシンを食べることと大観覧車には何かの関連があるとは思えない。人々が夜明かしで楽しむのはこの祭りの前夜祭といってよい。夜を徹して飲んだビールの臭いが三日の朝まで町中に漂っている。今年は雨だったせいか、さほど刺激的ではないとのことだが、いたるところに散乱するプラスチックのコップを早朝から清掃車がかき集めていた。

それは夕方の八時頃からだった。何台かのトラックがラッペンブルクの入り口を曲がってブレス

ライデンの祭り
右上．パレードを見学する人々．ブレストラート通り．
左上．国立民族学博物館の辺り．
中央．国立民族学博物館前を市庁舎方向に向かう人々．

右下．２頭立てのワゴネット（軽四輪馬車）．
左下．バスの原型になったオムニバス（乗合馬車）．
（写真はいずれも2006年10月3日）

トラート通りの方に向かっていく。楽隊が大音量でマーチを演奏していく。ホテルを出て、ブレストラート通りに向かうと、沿道には柵が設けてあり、長蛇の人垣ができていた。一角にまぎれ込んでみていると、次々に趣向を凝らした一団がやってきては市庁舎方向に行進していく。さながらその様子は京都の時代祭りのようでもある。ただ、ほとんどが中世の装いとはちがい、何の集団であるかが一目で判るコスチュームなどで登場した。大人の一団だけではない、幼稚園児と思えるような小さな子供たちの一団、大人と子供の入り混じった一団もある。

コスチュームから地域ごとのスポーツクラブが多数参加していることが判る。柔道のクラブもいくつかあった。柔道着はオランダ人にもよく似合い、さまになっていたのが印象に残る。携帯用のリングまで携行してのバスケットクラブや、空き缶を球代わりに飛ばしながら進むホッケークラブ、さらにカヌーやボートのクラブなど実に多彩である。ライダードルプのような周辺の地域からも参加しているのだろうか、消防団やその他の制服を着たブラスバンド隊も何組かあった。長蛇の行列の最後に、古の正装に身を包んだ市の重役と思しき人々、伝統的と思われる帽子に、真っ赤なマントを羽織った名士（?）と思しき人々の一団、さらに少女とうら若き女性が乗ったオープンカーが続き、その後を正装の騎乗者を乗せた三頭の馬、二台の白バイが護っていった。こうした行列は三日の昼近くにもあったが、それには子供たちの姿はなかった。

行列そのものも、そして沿道を埋めた人々も、遠くてもせいぜいライデンの近郊からやってきた

ライデン点描（5）
左上．先頭車両が犬の顔にも似たオランダ国有鉄道の旧型電車．（2006年8月）
右上．市内のあちこちでみかけるニシンの売店．（2006年10月）
下．スティルマーレ．右手に運河からの小さな引き込みがある．（2006年7月）

人たちで、格別の遠来者ではないといわれているが、こんなにも大勢の人がライデンとその近郊に暮していたのかと驚くばかりだ。もうひとつ微笑ましかったのは、よくできることが目的ではなく、行進する側も参加すること自体を楽しんでいることだった。一応は打ち合わせてあったらしいパフォーマンスをするのだが、いってしまえばてんでんばらばら。失敗する者も多いのだが、誰も咎めたりはしない。笑いを誘い、いやがうえにもパレードを楽しむ気分は盛り上っていく。

二時間近くも続いたパレードが終わると、参集した人々は思い思いの場所へと散っていく。そこでビールを飲みながら談笑するなり、あちこちに設えられた舞台で演奏される大音量のミュージックに合わせて踊ったり、私のような年老いた人々はやや静かなレストランやカフェで歓談を楽しんだりする。

その光景を写真に撮ろうとしていると、いきなり若い女性の顔がビュアーに飛び込んだりもする。陽気な笑い顔がいかにも楽しそうだった。時折の強い雨に休んでいると、誰からともなく、これを飲めといってポケットからジュニーヴァやウィスキーなどの瓶を栓を開いて勧めてくれる。一二時近くまでこの雑踏のなかを彷徨いホテルに戻ったが、子供の時分に味わった夏や秋のお祭りのことが思い浮かんだ。その頃の東京の人たちの多くは、いまみてきたライデンの人々のように人なつっこく、そして親切だったように思う。けっしてみんなが豊かだったわけではないが、気持ちに通じるものがあったように思う。

酒を勧めてくれた何人もの若者、カメラのファインダーに飛び込んできた少女の顔が思い浮かぶ。いずれも人なつっこさに溢れた顔だ。私がライデンに愛着を感じるのはこうした、かつては東京にも存在した町に暮す人々が醸し出す人なつっこさやアバウトさでもあり、総じて普段着のままの佇まいのせいかもしれない。いまやこれが何処にでもあるというものではなくなってしまった。

オランダとリンネ

長いライデンの歴史で脚光を浴びる出来事に、祖国を追われアメリカ合衆国への最初の移住者となった一〇二名のイギリス人が乗船したメイフラワー号がここから船出したことがある。当時のライデンはいまよりもずっと海に近かったのだ。

植物学と園芸の分野でもライデンは歴史に名をとどめている。後に述べるように西ヨーロッパで初めてチューリップが花開いたのはこの町だった。植物分類学の父とも呼ばれるリンネ（一七〇七〜一七七八年）が、自己の学説を深めたのもライデンとその近郊だった。

リンネはスウェーデン帰国後の一七五三年に

リンネ肖像．ホルター・コレクション蔵．同じものが『植物の属』*Genera plantarum* 第6版に挿入されている．

『植物の種』(*Species plantarum*) を著した。今日その書は維管束植物等の種の学名の出発点となり、それ以前にあった二名法形式の学名も同書をもってその出発点とした。リンネ以前の学者も個々の植物、動物に名を与え、特徴を記述する分類学の研究を行っていた。まだヨーロッパ外の大陸に棲息・生育する動物・植物がほとんど知られていない時代は、別に命名の方法で統一などとらなくとも対象の数(種数)は限られ、大きな混乱は引き起さなかったのである。しかし、発見された新大陸から、次々におびただしい数の新植物や動物がヨーロッパにもたらされるようになると、事態は一変した。種の数はもはや単純に記憶できる数の限界を超えてしまったのである。

リンネは一七三五年に出版された『自然の体系』(*Systema naturae*) でこうした種々雑多な自然物(博物)をまず鉱物、植物、動物の三つに分け、それぞれを理路整然と類別する分類体系を提示したのである。リンネの分類法は、理論に裏打ちされたものだったのだ。増え続ける新種の命名にも学者は困っていたのだった。リンネはこの問題にも独自な解決策を示した。それが属の名とそれぞれの種に固有な名(種小名)との二つの語を用いての名称の表示である。後に二名法と呼ばれるこの命名法はまたたく間に各国に広がり、動植物などの科学上の名、学名と認められるようになった。

今年(二〇〇七年)が生誕三〇〇年を迎えるリンネは、十八世紀のライデンを中心に繰り広げられた人的交流と、ここに収集されていた当時としては世界最大の植物標本の双方から、学説形成に大きな刺激を受けている。標本からの学説形成への貢献ということでいえば、オランダが最も繁栄した十七世紀の遺産が最大限駆使されての成果だといってよい。数百年前といえども学術の発展は経済や社会と無関係だったわけではないことを如実に知ることができる。

十七、十八世紀のオランダは当時のヨーロッパで最も豊かな国であり、最も多くの国と地域との交易を通じて、世界中からおびただしい数の植物がもたらされ、あるものは栽培され、また標本として保存されていた。この宝の山を利用させてもらうことで、リンネはオランダ出発に先立って仕上げていた植物の「性分類体系」(二十四綱分類体系とも訳される)が、世界の植物に通用する分類体系であることに自信を深めたにちがいない。体系分類学の確立ともいってよい植物の「性分類体系」と並ぶリンネの偉業に数えられる「二名法」は、オランダからの帰国後に出版されたいくつかの著作の索引などにその萌芽と考えられるものが見出せる。著作全体にわたって二名法を採用した最初となったのが一七五三年にストックホルムで刊行された『植物の種』である。

だが、二名法の発想にはオランダでの経験が強く影響しているように私には思われる。リンネ自身もそうだったが、学者がてんでんばらばらに個々の植物に勝手に名称を与えていたら、その数は等比級数的に増加してしまい、やがては収拾もつかない状態に陥るのは目にみえている。クリフォート邸で多数の新植物に出会ったリンネにガスパール・ボーアン(一五六〇〜一六二四年)のいわゆる劇場本『ピナクス』は強い印象を与えたにちがいない。ピナクス(Pinax)とは石や木でできた板の上に描いた絵のことをいうが、古代ギリシアでは体の具合の悪い人は治して欲しい部位を絵に描いて神殿に奉納した。日本の絵馬を連想させる。ボーアンの著作の正式な名称は*Pinax theatri botanici*で、リンネら諸学者は表題からtheatri botanici（植物学劇場の意味）を省略して、同書を*Pinax*と通称した。ボーアンがそうした表題を著作名に用いたのは兄のジャン・ボーアン（一五四一〜一六一二年）が書き残した三巻からなる大作『植物誌』（同書を劇場に例えた）の内容を通覧できる、劇場などで売っている上演案内になぞらえてピナクスと名付けたのだろう。横道にそれたが、ボーアンがピナクスで用いた植物名称にはわずか三語からなるものが多かった。語数を減らすことはスペースを節約できるだけでなく、多量のデータを効率よく活用するためにも重要なことである。ぼう大な生植物や標本が集まるオランダはそうしたことを如実に痛感させられる場でもあったにちがいない。

リンネのオランダ滞在

自然全体を体系化することを試み、一七三五年に『自然の体系』を著したリンネは、自然史の全分野にまたがる広い知識と見識の持ち主であったことはまちがいない。とはいえ、リンネの興味は一にも二にも植物にあった。リンネは自然の体系化のために植物を研究したのではなく、植物の研究から自然全体の体系化を構想したといってよい。本質的には植物学者であったと私はみている。

スターン（Stearn、一九五七年）はリンネの生涯を六期に分け、リンネがオランダにあった一七三五年から三八年をその第三期とした。リンネは母国スウェーデンを離れてから一七三八年に帰国するまでの四年間を主にオランダで過ごすのだが、この期はリンネの学問と生涯を決定するうえで特別な意味をもっていた。オランダ訪問の目的は、医学博士の学位取得にあったといわれている。だが、実際にはそればかりではなかったようだ。当時のオランダは、リンネを魅了する植物学の先進国であり、当初から学位取得後も在留し、植物学の研鑽に励む積りでもあったといえる。

さて、リンネが学位を取得したのはハルダーワイクにあったヘルダーラント大学である。なぜリンネはこの大学で学位を取得しようとしたのだろうか。彼はそこでわずか一週間で学位を取得してしまった。日本の現在の学位制度からみると、あまりにも短期間での学位取得ではないだろうか。

ヘルダーラント大学

一六四七年七月一日にヘルダーラント州政府は、ハルダーワイクにあった、大学に準じた上級の教育制度をもつ一種のラテン語学校を、大学に格上げする決定を下し、ハルダーワイク地区はそれに八〇〇〇ギルダーの補助金を出すことを決めたとい

ハルダーワイクの目抜き通り．（2005年3月）

う。こうしてできたのがヘルダーラント大学（英語名はThe Gelderland Academy）である。公式の開学日は一六四八年四月十二日で、当日は教会での礼拝、荘厳な行進と晩餐会を含む式典が執り行われたと記録されている。

しかしこの大学は、この時代としても最小規模の大学だったらしく、開学時の教授はわずか八名に過ぎなかった。開校一年後には大学付置の植物園が開設され、医学教育が加わることになった。

ヘルダーラント大学は現存しない。一八一一年に閉鎖されたためだ。開学から閉学までの一六三年間に、およそ四〇〇〇人がこの大学の学位申請者名簿に登録している。ここで学位をえた人物のなかには後に述べる医者・植物学者として有名なボェルハーヴ（一六九三年取得）がいるが、なんといっても最大の著名人はリンネである。

実はウプサラ大学でのリンネのライバルであったローゼンや父の友人であるロートマンなど、多くのスウェーデン人がヘルダーラント大学で学位を取得していた。この大学で学位を取得しようとリンネが考えたのは、ここで知人が学位を取得していたこともあるが、在学しなくとも申請すれば学位試験を受けることができた制度にあった。わかりやすくいえば課程博士だけでなく、日本でいう論文博士の制度も併せもっていたのである。在学せずに学位を取得できる制度は、職についていない外国の若者にとって、取得学位をもって迅速に帰国できるため、当然のことながら職をえるうえで有利だった。また、この大学では学位取得後に学友のために催す祝宴経費を払うことが義務付けられていなかった。大方の留学生にとって学位取得に経費があまりかからなかったことも魅力のひとつであったといわれている。

ヘルダーラント大学の足跡を訪ねる

海を埋め立てて陸地を広げたといわれるオランダだが、そうした干拓のなかでもとくに名高いのは、後でふれるゾイデル海の干拓である。同海がバデン海と接する辺りのオスターラントとハーリンヘン間に堰堤を築くことでゾイデル海は湖水化し、名前もアイセル湖と変った。この干拓が始められる以前は、ゾイデル海の海岸線はアムステルダムの東に位置する交通の要所、アメルスフォートからズボレに沿って弓状に続いていた。ヘルダーラント州に属するハルダーワイクは、ちょうど両市の中間に位置し、中世以来交易を通じて発達した港町であり、一二三〇年にはハンザ同盟に加わってもいた。

ハルダーワイクにヘルダーラント大学の跡を訪ねたのは、今回の旅行に先立つ二〇〇五年三月二十四日だった。アムステルダムから北のフロニンヘンに向かって鉄道で進むと、ユトレヒト方面への分岐点となるアメルスフォートに着く。ハルダーワイクはそこからしばらくの距離である。鉄道でもいけるが、道路交通網も発達しているオランダでは車での訪問に一層の利がある。

ハルダーワイクは典型的な地方都市で旧市内を取り囲むように発展した新市街をもっている。旧市街の目抜き通りには商店が櫛の歯のように並び賑やかだった。大学があったのは旧市街の北東の外れである。大学の中心となっていたのは尖塔をもつ教会式の建物である。建物は暗紅褐色の煉瓦造りで、身廊はやや急な傾斜の屋根をもつ。教会建築としては異様であり、左右とも側廊を欠いている。この建物に続いて二階建ての教室風の建物があるが、入り口の部分にMDCCLIV（一七五四年）の文字を認めることができる。この年がこの建物の建設年を表すのであれば、リンネがここで学位を取得した一七三五年以降の建築ということになる。教会様式の建物の北側には六角形の塔状の建造物が続く。採光性にすぐれたその建物は講義などに用いられていたものだろうか。

教会様式の建物と道路を隔てて西側にHortus Botanicus、すなわち植物園があった。この植物園は、現在はリンネ塔と呼ぶ塔の背後にある一種の保護区の一角を占めている。この植物園には、一七〇九年にエステンベルフが著した『ヘルダーラント大学植物園植物目録』（*Viridarii academiae harderovici catalogus*）があり、後のホルター親子の時代に至るまで医学・植物学の実地教育に活用されていた。現在は一部復元がなされてはいるものの、栽培されている植物種はリンネ当時のものではない。

道路に面して大学門があり、その横にリンネ塔（かつては大学塔といった）がある。紅色の強い煉瓦で造られ、なかほどにリンネの胸像が安置されていた。この胸像はクリフォート邸跡にあったものと同じ母型からつくられたものだ。胸像の右側面には、リンネについてのオランダ語による解

ヘルダーラント大学跡
右上．復元された植物園．
右下．リンネ塔に嵌め込まれたボェルハーヴ記念プレート．
左．リンネ塔．
（写真はいずれも2005年3月）

説板、その下方にはボェルハーヴのレリーフ付きの顕彰碑文が嵌め込まれていた。現在の大学門は植物園への単なる出入り口に過ぎないが、一八六三年頃描かれた図では二階建ての回廊があり、門はその一部であったものと考えられる。

古くからここにある樹木としてイチョウとプラタヌスがある。プラタヌスは幹の上部が切り取られていて、萌芽枝が叢生していた。イチョウは直立した幹をもち、ヨーロッパのいくつかの大学植物園にみられる雌雄株を接木したような形跡はない。イチョウはリンネにより一七七一年に『植物の種・補遺続編』（*Mantissa plantarum altera*）で学界に紹介されたが、そのもとになったのはケンペルの『廻国奇観』の図と記述であり、リンネ自身がイチョウをみたとは考えられない。リンネの滞在以降に栽植されたものであるのはまちがいない。そのイチョウの木のさらに西側にかつて解剖学教場だった建物があり、現在は子供たちのための自然・環境教育施設となっている。

大学跡からは少し離れたところにある州立博物館は、地階の半分近くをヘルダーラント大学に関係する展示に当てていた。ヘルダーラント大学の様態を知る建物や遺構は限られていたので、この展示は興味深かった。リンネが学位審査を受けた当時の、上下に座をもつ討論壇、ホルターの肖像画、リンネの学位論文などをここでみることができた。いまはなきヘルダーラント大学の創設四〇〇年を迎えた一九九八年に同大学の足跡などを探る調査が行われ、史跡が整備されたとのことだ。この博物館での展示もその成果だろう。

リンネの学位取得

リンネは一七三五年六月十三日（以後すべて新暦法による。当時の暦法で二日）に船でアムステルダムに着いている。この頃スウェーデンからオランダへ直行する船便はなかったらしい。同年五月七日に、この時代普通に行われていたように、リンネは船でヘルシンボリから北ドイツのリューベック湾口のトラヴェミュンデに着き、そこから陸路でリューベックを経由してハンブルクに出た。五月二十八日にハンブルクのアルトナから再び船でゾイデル海を通ってアムステルダムに向かったのだった。およそ半月の航海であるが、これは当時としては速かった方だといわれている。

アムステルダムに着いて数日後の、六月十七日午前三時にリンネはハルダーワイクに到着した。自ら大学に赴き、学生名簿に登録を済ませた。翌日、学位候補者試験（学士試験）にパスした。そして十九日にヨハネス・デ・ホルターに自分が以前書いた論文をみせ、ホルターから学位論文を印刷してもよいとの指示をえた。次の日は口述発表と植物の実地試験を受け、午後は地元の印刷屋ランペンに論文の印刷を頼んだ。二十三日に二四ページからなる論文、*Hypothesis nova de febrium intermittentium causa*（「間歇熱《かんけつねつ》の原因についての新仮説」）にもとづいて、公式の試験を受けた。試験はまったく形式的なものだったらしい。そして二十五日にはアムステルダムに戻ったのである。

学位取得後のリンネ

学位授与された後、リンネは六月二十五日にアムステルダムに戻り、その後ライデンに赴き、ボェルハーヴとフロノヴィウスを訪ねた。リンネは著名な二人の学者に深い感銘を与えたといわれている。リンネの『自然の体系』（*Systema naturae*）の草稿をみたフロノヴィウスは、ただちに友人とともに経費を出し、これを印刷させたほどである。一方、ボェルハーヴはアムステルダムのブルマンにリンネを紹介した。

実はリンネは一度ブルマン教授を訪ねている。ハルダーワイクに向かう前のアムステルダム滞在中の六月四日であったが、このときは挨拶以上のものは何もえられなかったらしい。ボェルハーヴの紹介状をもってアムステルダムに戻り、再びブルマン教授を訪ねたリンネは、好意をもって迎えられただけでなく、教授のもとに滞在し、生活の面倒さえみてもらえた。さらに、ブルマンの経費的援助により『植物学文献集覧』（*Bibliotheca botanica*）と『植物学の基礎』（*Fundamenta botanica*）の両書を出版することができた。

こうしてリンネはボェルハーヴを介してアムステルダムとライデンの二つの学者グループの支援を受けることができたが、さらにボェルハーヴは、アムステルダムの裕福な銀行家であるクリフォートにリンネを侍医として雇い、彼に研究の機会を与えるよう進言した。

リンネが学位取得を急いだ事情

リンネはスウェーデンを出発する前に、裕福かつ著名な町医者ヨハネス・モレウスの娘、サラ・エリザベス（通称リサ）に会っていた。彼女の父ヨハネスはライデンとパリで勉学し学位を取得した人物で、リンネは彼に向こう三年以内にオランダで学位を取得して帰国した後に彼女と結婚する約束をした。その三年の間にリンネは学位を手にしオランダの著名な植物学者のもとで、さらなる研鑽を積み、また著名な学者との面識を深め、将来に備えようと考えていたものと思われる。学位取得を急いだ理由は結婚のためでもあり、研鑽の時間を確保するためでもあったろう。

リンネは一七三七年に大作『クリフォート邸植物誌』（*Hortus cliffortianus*）を印刷にまわすと、サラとの婚約の約束期限が切れることを恐れ、帰国を急いだらしい。しかし、一七三八年のイースターの頃、リンネは一種の病原菌による高熱を病み、約二カ月もオランダでの静養を余儀なくされてしまった。

このときリンネを治療したのは、後にマリア・テレジアの侍医となるファン・ズヴィーテンだった。帰国を焦るリンネはせっかくのパリ滞在も二カ月足らずで、ルーアンから帰国の途に着く。一七三八年九月、スウェーデンに帰国したリンネは、ちょうど一年後の三九年九月にサラ・リサと結婚した。

クリフォート邸でのリンネ

リンネは一七三五年九月にクリフォートの侍医として、ハールレムにも近いハルテカンプにあった彼の邸宅に移り住み、ただちにその私設植物園の園長となった。ジョージ・クリフォートは一六八五年に生まれ、一七六〇年に亡くなった、アングロ・ダッチ系の裕福な銀行家であった。リンネはそこに一七三七年十月七日まで滞在し、三六年には『クリフォート邸のバナナ』（*Musa cliffortiana*、ライデン）、翌三七年には『植物の属』（*Genera plantarum*、ライデン）や『クリフォ

旧クリフォート邸（1）
上．正面からみた本館．
下．裏側からみた本館．（写真はいずれも2005年2月）

ート邸植物誌』（*Hortus cliffortianus*、ライデン）など七冊の自著を出版している。翌三八年には『植物の綱』（*Classes plantarum*）をライデンで刊行し、パリを経て九月にはルーアンからスウェーデンへ帰国したが、その時彼の旅行カバンには学位記とともに上記を含む一四冊、合計三〇〇〇ページを超す著作物が詰め込まれていたのである。

リンネは、学名の出発点となる『植物の種』（*Species plantarum*、一七五三年）を除く、彼の植物学における重要な著作（あるいはその初版）のほとんどすべてをオランダ滞在中に出版したのである。短期間にこれだけの著作をものにしたことに驚くが、この出版にかかる経費の大半がクリフォートの援助によったものだった。

出版ばかりではない。この期間にリンネは著名な学者との交流も行っている。先のフロノヴィウスとブルマンをはじめ、ライデンのファン・ロイエン、ボェルハーヴ、一七三六年のイギリス訪問ではスローン、ミュラーら、帰国直前のパリではアントワーヌとベルナールのドゥ・ジュシュウ兄弟などの大学者の知遇をえている。イギリスへの旅費もクリフォートが援助した。熱帯をはじめ、世界中の植物を自らの経費で収集し、リンネの研究を支援したクリフォートが果した植物学の発展への貢献ははかり知れない。

植物学者としてのリンネにとって、このオランダ滞在がいかに重要であるかが理解できよう。リンネ自身の記すところによれば、クリフォート邸での生活はまるで王子のようであり、クリフォートが収集したばく大な数の植物に取り囲まれ、なおも不足する植物や図書があればただちに取り寄せることができ、まったく何不自由なく好きなように植物学の研究ができたのであった。リンネはそうした夢のような環境で昼夜研究に勤しんだのだろう。彼の主たる仕事はクリフォート邸の植物園と標本室に、植えられ、あるいは標本として保管される植物の完璧な記載付き目録である『クリフォート邸植物誌』の出版であった。

『クリフォート邸植物誌』に関連した標本には多数のタイプが含まれ、リンネに関係する標本のなかでもとくに重要なコレクションのひとつとなっている。この『クリフォート邸植物誌』関連の標本は残念ながらいまはオランダにない。一七九一年にイギリスのバンクス卿が購入し、現在はロンドン自然史博物館に保管されている。

また、リンネがクリフォート邸に滞在していた一七三六年に、後に著名な植物画家となるエーレットが一時期ここに滞在し、リンネとの親交を深めたことは有名だ。

クリフォート邸を訪ねる

『クリフォート邸のバナナ』の表題には florens Hartecampi 1736 prope Harlemum（ハーレム近くのハルテカンプにて一七三六年に花咲く）とあり、『クリフォート邸植物誌』にも表題に続いて in Hortis tam Vivis quam siccis, Hartecampi in Hollandia（オランダ Hartekamp の、生きた植物と乾燥植物［おし葉標本のこと］の庭園にて）との記述があり、クリフォート邸の庭園の所在地が（ハーレム付近の）ハルテカンプにあったことが判る。しかし、ハルテカンプという地名は現在は用いられていない。

リンネの生涯において最も重要な時期を過ごしたこのクリフォート邸のことについては残念ながらあまり知られていない。もし現存するならどのような状況にあるのかをかねがね知りたいと思い続けてきた。二〇〇五年二月、このことをライデン大学の植物標本室主任のタイセさんに話したところ、地図でその場所を探し出してくれたうえ、二月一日に車でその場所へと案内してくれた。当時のままではないがクリフォート邸は現存していたのである。

クリフォート邸の所在地の現在の住所はヘームステーデ市ヘーレンウェク一―三五である。ヘームステーデはハールレムにも近い国道二〇八号に沿う地域で、クリフォート邸もその道路からそう遠くない位置にあった。ハルテカンプの三〇〇年を記念して出版された『ハルテカンプの三〇〇年』(*300 Jaar Hartekamp*、一九七一年)によると、クリフォート邸は一七〇九年に建てられたことになっている。クリフォートの没後、何度か人手に渡ったが、現在は病院施設として利用されている。

さて、ライデンからは国道二〇六号をハールレム方向に走って、二〇八号に入る。敷地の入り口に古い門柱が残っていて、向かって左の柱にHarte、右の柱にkampの文字を認めることができた。そこから奥にクリフォート邸の主館だったと思われる豪華な白亜の二階建ての建物全体が見渡せる。この門柱から建物へ道が通じていて、距離にして二〇〇メートルはあるだろう。建物側からみれば広大な芝生の前庭があり、その端々にヨーロッパブナやオウシュウナラなどの落葉樹が植えられている。樹齢は一〇〇年から一五〇年と推定されるので、これらはリンネの時代よりも後に植樹されたものであろう。

主館は二階建て(さらにいわゆる屋根裏部屋がある)で、左右の両端に張り出した付属部分をともなう。建物中央部分がエントランスになっているが、左右の壁面からはやや奥まって位置している。エントランス・ホールは意外に狭く、中央のドーム部分には八角形の吹き抜けがあり、二階部

旧クリフォート邸（2）
右上．本館の窓枠．
左上．旧オランジェリー．
中央．本館階段踊り場の吹き抜け部分．
右下．ファウナ女神．
左下．フロラ女神．
（写真はいずれも2005年2月）

旧クリフォート邸（3）
右上．脚付き水盤．
左上．園内に建つリンネの胸像．
右下．脚付き洗水桶．
左下．藤棚
（写真はいずれも2005年2月）

分はそれを取り囲んで金属製の手すりが備えられている。また一角にニッチェがあり、そこにはブロンズ製のリンネの胸像が置かれていたが、これはウプサラにあるものの複製で、リンネ晩年の姿を伝えるものである。なお、背面からみる主館の印象は、正面からの眺めとかなり異なっていて、外部へ張り出した円柱形のエントランスをともなっている。

両側の一階建ての翼の部分は上下に広く窓がとられていて、この部分はクリフォートの時代はオランジェリーとして利用されていた可能性が高い。また両翼の正面からみて中央の部分にニッチェがあり、右側にはファウナの、左側にはフロラの女神の石像が安置されている。

主館から離れた位置にかなり天井の高い長方形の建物がある。南側はほぼ全面が床の高さまである大きな窓状の開口部になっていて、かつて建物全体が巨大なオランジェリーとして使用されたのだろう。リンネの時代はまだ鉄骨の使用は限られていたので、バナナなど、大形の熱帯産植物は、このオランジェリーで栽培されていたにちがいない。大きさは、窓側での長さが三〇メートルほど、奥行きは二〇メートル以上、高さは一〇メートルほどであろうか。

主館とオランジェリーのちょうど間くらいの位置に藤棚があり、その中央付近に円形の「あふれ水盤」や古い石造りの洗水桶があった。そのあふれ水盤の彫金や、ライオンと思われる二体の獣に支えられ、かつ多くの人物の顔をともなう洗水桶は、素材や装飾などからしてクリフォートの時代のものと考えてもよさそうに思われた。

『クリフォート邸植物誌』は、ワンデラールによる前扉や飾り模様（ヴィグネット）が描かれた扉をともなうフォリオ版の豪華な本である。その扉の図中にある構築物や彫像が当時のクリフォート邸には実在したのかどうか気がかりだったが、どうやらそれらはワンデラールの創作物だったといってよい。

広大な庭園とオランジェリー、それを使って植えられていたであろうぼう大な数の植物を通して、リンネはここで居ながらにして熱帯と温帯の植物を観察できた。日夜研究三昧に明け暮れたにちがいない主館はリンネでなくとも快適さを覚える建物である。ここで過ごした日々は二度とリンネにはないものであったことはまちがいない。現在病院施設として、当初の状態をよく維持しつつ利用されているとはいえ、植物学史に欠かせないこの貴重な建物を文化遺産として恒久的に保存する手立てはないものだろうか。

ライデンとリンネ

一七三五年六月二十九日、リンネは友人のソルベルクに連れられてライデンにやってきた。そしてフロノヴィウスに会ったことはすでに述べた。彼は、市長であると同時に、大学の理事であり、評議委員でもある影響力の大きい植物学者だった。リンネが、フロノヴィウスの知遇をえたことは幸運だった。フロノヴィウスの紹介で、そのときはまだ大学で薬学を教えていたボェルハーヴに会

「大理石の台座の上の壺の花」1724年
ヤン・ファン・ハイスム　Jan van Huysum, 1682-1749
ロサンゼルス　カーター・コレクション

うチャンスをつかんだ。

ボェルハーヴはライデン近郊の小村に一六六八年に貧しい聖職者の多数の子供の一人として生まれた。家のしきたりにしたがいライデン大学に入学した。父の友人で当時の学長だった人がボェルハーヴを支援した。八七年には大学からの基金を獲得し、さらに九〇年には学士の資格をえたばかりか、彼の卒業演説は金賞にも輝いた。九一年には大学図書館副司書の職に就いた。だが、スピノザの批判を通して聖職者への道を捨て、神学と決別した。その後、独学で医学を学び、すでに書いたようにヘルダーラントの大学で学位を取得した。一七〇九年に前任者ホットン(一六四八―一七〇九年)の後を受けて、薬学と植物学の教授となった。ボェルハーヴは一七三八年に亡くなるが、最後まで多くの友人知人をもち、共同して研究や様々な事業を行った。彼は自ら積極的に体を動かして実験などをするタイプの学者ではなかったが、多くの友人たちの助力に支えられ、科学の進展を図った功績は大きい。そのボェルハーヴのもとで植物園も発展をとげていったのはいうまでもない。

緊張したリンネだが、ライデン北方のボエルヘーストでボェルハーヴに暖かく迎えられ、続いて二人は植物園で会い、園内に植えられた植物について意見を交換したといわれている。ボェルハーヴはたちどころにリンネの才能を見抜き、彼をオランダに止めおきたいと考えたらしい。ボェルハーヴがオランダ滞在中のリンネに支援の手を延べたのもリンネの並外れた才能を見抜いてのものであったのは明らかだ。

リンネは一七三七年から三八年の冬ライデンに滞在し、ファン・ロイエンが、大学植物園で栽培する植物について行っていた再配置を手伝った。当時の植物園では植物を分類体系にしたがって栽植する花壇が設られていた。再配置とは新しい分類体系を考案することだった。このときのファン・ロイエンが試みた新しい分類法が、『ライデン植物誌試論』(*Florae leydensis prodromus*)として出版されたものだった。だが今日では、この分類法を実際に考案したのはリンネだといわれている。それが事実なら、リンネはその冬、一度ならず何度も植物園に足を運び、植物の観察を通して新しい分類体系の構築に向けて考えめぐらしたのだろう。

ところで、リンネは婚約者との結婚のことがなければ、ずっとオランダに滞在してもよいと考えたのだろうか。それに答えるのはむずかしい。存外リンネは滞在中にオランダの落日も見抜いていたのかもしれない、と思うことがある。実際に帰国後のリンネがみたものは、フランス、イギリス、さらにはプロイセン、ロシアの日出る勢いであった。しかし、そう結論するのも早計だ。最後までリンネはオランダでの日々を胸に刻み、そこでの交流を大切なものとして受け入れたのではないだろうか。最後の弟子、ツュンベルクにたいしてパリへの留学途中にオランダに立ち寄るように、リンネは紹介状を認め勧めた。それがなければツュンベルクが来日する機会は生まれなかったにちがいない。博物学では、日蘭に似て、スウェーデンもオランダから濃い影響を受けたのである。

シーボルトとアジサイ

わずか数日の滞在も含めるとライデンにはもう一〇回以上は来ているだろう。私がライデンを訪ねるのはこの町がただ好きだからだけではない。日本から帰った、かのシーボルトが居を構え、日本で収集した標本や書物を整理し、日本の植物を栽培し、ヨーロッパ中に広めたのがライデンだったこととと関係している。ライデンには世界で指折りの巨大博物館が三つもある。そのいずれもシーボルトの収集品があり、なかでも国立民族学博物館はシーボルトが初代館長だった。私の訪問の大半はシーボルトや彼の後継者が日本で収集した植物標本などを

ライデン大学植物園に建つシーボルトの胸像.（2004年2月）

シーボルトの標本．ニシキハギの異名と考えられる*Lespedeza sieboldii*のタイプ（右は枠で囲んだ部分の拡大）．（オランダ国立植物学博物館ライデン大学分館収蔵）

調べることが目的だった。

シーボルトは、バイエルンのツッカリーニ教授に、彼の採集品にもとづいた日本植物の研究を託し、日本から持ち帰った多数の新植物を共同で記載・発表した。そのなかにはカツラやヤマグルマ、フサザクラ、コウヤマキなど、多数の新属も含まれていた。その後、ユトレヒトにいたミクェル教授は、ビュエルガーやモーニッケなど、シーボルトの後継者が日本で収集し、未整理のまま放置されていた標本を整理し、研究した。ミクェルはユトレヒト大学の教授であり、植物園長であったが、シーボルト・コレクションを収蔵する王立植物標本館の館長をも命ぜられ、この仕事に着手したのだった。

ミクェルは、一八一一年にいまはドイツ領

のノイエンハウス（オランダ名はニィンハウス）で生れ、フロニンヘン大学で医学を学び、アムステルダム、ロッテルダムで医学教育に携わった後、一八五九年にユトレヒト大学の教授となり、一八七一年に没するまでその任にあった。一方、王立植物標本館館長となったのは一八六二年からである。ミクェルはユトレヒト大学植物園の園長邸までシーボルトらの標本を運ばせ、そこで研究したのだ。オランダは水運の国であり、当然標本はライデンからライン川の下流地域を繋ぐ運河を通ってユトレヒトまで舟で運ばれたのだろう。いまも残るミクェルが住んだ園長公邸が運河に面して建っていたのを思い出す。

ライデンとシーボルト

話をライデンに戻そう。帰国後のシーボルトが住んだ建物がいま、シーボルト・ハウスとして公開されている。ラッペンブルクという名の、ライデンでも由緒のある運河に面して建つその建物の当初の番地は「ラッペンブルク二二一番」だったが、いまは一九番である。シーボルトは初めはそこを借り、一八三六年には購入し、少なくとも一八三二年には日本での収集品を展示公開したことが明らかになっている。ちょっとした博物館にしたといえるだろう。私の定宿となっているホテルは運河の反対側にある古い富豪の住まいを改造したもので、通常借りる屋根裏部屋の、「明かりとり」からまん前にシーボルト・ハウスを望むことができる。このシーボルト・ハウスにはインドネシアの博物・天然資源の調査研究者であり、後にライデン大学の教授となった、ラインワルト（一七七三―一八五四年）も住んでいたのである。彼は最初はその建物の一部をシーボルトから借り、一八四七年には建物全体を購入している。熱帯アジアの植物に関心の深い読者は、彼の名前に因む*Reinwardtia*という雑誌がボゴール植物園から刊行されていたことを記憶されているだろう。

　ライデンはドイツの広い範囲を流れるヨーロッパの大河、ライン川の河口の町でもある。いたるところに運河が開け、いまでも舟でのピクニックが盛んである。ラッペンブルク運河もそのひとつで、先のアカデミー・ヘボウも、この運河に沿ってシーボルト・ハウスからも近い位置に建っている。

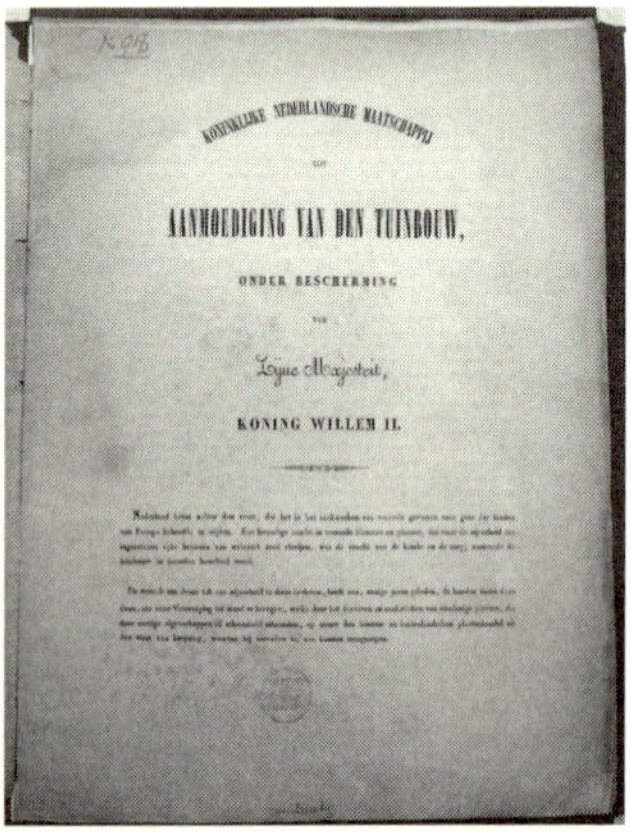
KONINKLIJKE NEDERLANDSCHE MAATSCHAPPIJ

TOT

AANMOEDIGING VAN DEN TUINBOUW,

ONDER BESCHERMING

VAN

Zijne Majesteit,

KONING WILLEM II.

王立園芸振興協会設立趣意書.

シーボルトと気候馴化植物園

　日本から帰国したシーボルトは研究の傍ら、企業家としても活躍した。日本の植物をただ単に分類学的に研究するだけでなく、これをヨーロッパに広め、庭園を一層魅力あるものにしようと考えたのだ。広めるとは日本の植物を広く頒布することにほかならない。王立植物標本館長、ブルーメとともに、国王ウィレム二世の承認のもとに王立園芸振興協会を設立した。また、シーボルトは、日本から持ち帰った植物を、ヨーロッパの気候に順応させることを目的にした農場である、「気候馴化植物園」をライデン郊外に設けた。そこでは同時に、栽培株を殖やし、種子を採取して目的達成に努めようとした。彼の仕事ぶりを知るにつけ、シーボルトは、いまの日本で純粋研究に携わる大学人に日増しに求められている、産学連携でのパイオニアだったように思われてくる。

かつてシーボルトの気候馴化植物園があったライダードルプのあたりはいまや住宅地と化しているが、その地区の道々に与えられた名前に「シーボルト通り」とか「出島通り」などがあって、多少の所縁をしのぶことができる。

住人に多少胡散臭い目でみられることはあるものの、私はよくそこを歩く。シーボルトの時代この地は水はけの悪い、健康に問題のある土地だったらしい。中心に池を設けた小さな広場があり、いまは憩いの場になっている。池の周辺を中心に、いろいろと植物が植えられている。池の端にガマがあったり、ヘメロカリス（*Hemerocallis*）、ブッドレヤ（*Buddleya davidii*、フサフジウツギ）、アジサイ、大形のアカバナ（最近は外来種がヨーロッパで目立つ）などがあった。大きなヨーロッパブナが数本聳えてもいた。ダマスクローズ系の栽培品種と思われる香りのよいバラが忘れられたように咲いていた。しかし、シーボルトや、気候馴化植物園で栽培されていたであろう植物は、片鱗すらそこには見出すことはできなかった。

右上．ライダードルプの馴化植物園内にあった邸宅「ニッポン」．

左上．かつて馴化植物園があった辺りにあるシーボルト通り．(2006年7月)

左中．シーボルト・ハウス、開館式典でのテープカット．右から2人目は小町大使．(2005年3月21日)

右中．シーボルト・ハウス．(2006年8月)

下．馴化植物園跡．(2006年7月)

一八四四年と四五年にシーボルトが公表した、この気候馴化植物園で栽培する植物のリストには四〇〇を超える日本及び中国産の植物が載っている。園芸上重要な植物はむろん、キジョラン、シラキ、イヌビワ、ノブドウなども掲載されていて、その関心の広がりに驚く。日本では園芸植物として見向きもされなかったタケニグサは、いまやイギリスなどでは人気の園芸植物である。先入観にとらわれない導入が、多くの野生植物から、園芸植物としての潜在的価値を見出すことにつながった、といえるだろう。

あまたの、園芸に供された日本植物のリストに、なぜかヤマユリの名がない。ササユリ、テッポウユリ、カノコユリ、シロカノコユリ、スカシユリ、オニユリが掲載されているのにヤマユリがないのは奇異な感じがする。しかし、当時の技術ではヨーロッパ（さらに北アメリカ）ではヤマユリの球根を生かし続けることができなかったのである。

シーボルトと彼の協力者による、日本そして中国植物の頒布事業は、日本での鎖国令が解かれ、日本からの園芸植物の輸出が軌道に乗るまで続いた。日本では開国後、横浜を中心に、日本植物を園芸用に輸出する貿易業者が誕生した。そのなかには北海道開拓使として来日後に、国内に止まってボーマー商会を設立し、日本植物の輸出を手がけたルイス・ボーマー（一八二二―?一九〇二年）のような外国人もいた。花形の輸出品のひとつがヤマユリの球根だったのである。神奈川県を中心に山採りされた多量のヤマユリの球根が海を渡ったのである。

シーボルトのアジサイとヨーロッパのアジサイ

アジサイといえばシーボルト、お滝さんと三題話のように、誰でもがシーボルトとの関連を知っていよう。シーボルトが採集した標本や、川原慶賀が描いたアジサイの仲間の絵などに添えられた名称からは、少なくともシーボルトが来日した頃にアジサイと呼ばれていた植物には、今日のガクアジサイが含まれていたことが判る。アジサイの顔ぶれは多彩であり、来日したシーボルトが特別な関心を寄せたことが頷ける。アジサイに似た植物にヒドランゲア・ホルテンシス（*Hydrangea hortensis*）などがある。これらは中国由来のアジサイに命名されたもので、それが日本のアジサイと同一のものかどうか、まだよく判っていないように私には思える。今後の研究が俟たれるところである。

誰でも知っているアジサイだが、その来歴や植物学上での認知を歴史を追って調べてみると、幾多の混同や混乱などがあってなかなかややっこしいし、いまもってこうした混乱の一部は未解決のまま引き継がれていることが判る。それは、園芸バラほどではないにしても、人間とのかかわりの深いどの植物にもみられることといってもよいだろう。

アジサイの存在を最初に知った植物学者は、リンネの高弟でもあるスウェーデンのツュンベルクである。彼は一七七五（安永四）年に来日し、日本の最初の植物誌である『フロラ・ヤポニカ』（*Flora japonica*、『日本植物誌』ともいう）を一七八四年に著した。ツュンベルクが研究に用いた標本はスウェーデンのウプサラ大学に保管されているが、アジサイでは四点の標本が残されていて、これを研究した東京大学の故原寛教授は、一九五五年に論文を書き、そのうち二点は日本でツュンベルク自身が採集したもの、他の二点の標本はウプサラのツュンベルクの私邸での栽培株からつくられたものであるとした。

アジサイの存在を最初に明らかにした功績はツュンベルクに帰せられるのだが、彼の研究は少なくとも一八三〇年まで等閑視されることになる。その理由は、彼がアジサイやその仲間の植物をカンボクと同じスイカズラ科ガマズミ属に分類してしまったことにある。ツュンベルクの学説を正し、これをアジサイ属の種として再定義したのは、後にリヨン大学の植物学の教授兼植物園長となったスランジュ（一七七〇―一八五八年）で、それは一八三〇年のことだった。

一七八八年頃にイギリスの富豪で、科学の一大パトロンでもあったジョセフ・バンクス卿は中国からアジサイの類似品を手に入れ、これをキュー植物園に寄贈した。後にリンネの標本を購入したことで有名になるジェーム

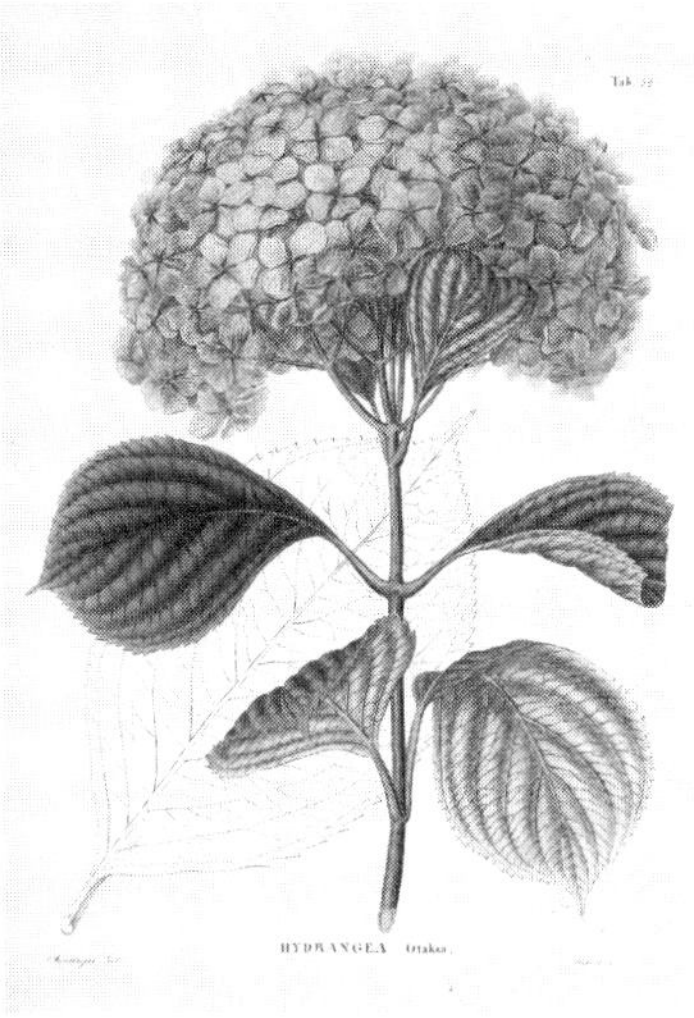

『フロラ・ヤポニカ』のオタクサアジサイ
Hydrangea otaksa.

ス・スミス卿がこれを研究し、アジサイ属の新植物だと結論し、一七九二年に*Hydrangea hortensis*の学名を与えて発表した。これはヨーロッパに移入された最初のアジサイではなかったが、園芸植物としてアジサイが着目される契機となったのである。

新植物や園芸上価値ある植物の発見を競っていた時代である。イギリスのライバル、フランスもアジサイ発見史にかかわることになる。一七八五年頃にパリの自然史博物館のラマルクのもとにコンメルソンという、フランスのプラントハンターからアジサイに類似した植物の標本が送られてきた。日本ではラマルクといえば、進化論を提唱した動物学者としてしか知られていないが、無脊椎動物の研究に入る前のラマルクは、二名法を用いた最初のフランス植物誌を著し、またフランスで最初に検索表を用いたことで知られる、歴とした植物学者だった。

コンメルソンはこの植物をモーリシャス島で手に入れたのだが、元はといえば同じフランスの自然史研究者でプラントハンターでもあるピエール・ポワヴル（一七一九—一七八六年）の庭園で栽培されていたものだった。ポワヴルの庭園は、恐らくポワブル自身が中国の広東を訪ねた際などに収集した、数々の中国産植物が栽培されていることで有名だった。そのアジサイ類似品もそのなかのひとつだった。ラマルクはスミス卿に先立つ一七八九年にコンメルソンの提案にもとづいて、そのアジサイ類似品に*Hortensia opuloides*なる学名を与えて学界に発表した。

アジサイ属の*Hydrangea*という属名は、もともとオランダの学者で、リンネを支援したことでも知られるフロノヴィウスが一七三九年に出版した（アメリカ合衆国の）『ヴァージニア植物誌』（*Flora virginica*）で提唱したのが最初である。その属名はリンネによって植物の命名上の出発点となる一七五三年刊の『植物の種』（*Species plantarum*）で採用されたことで、分類学上の命名者はリンネとなり、その発表年も学名の出発点となる同書の出版年である一七五三年とされることになった。アジサイ属の植物であることに疑いの余地がないアジサイにもとづいて提唱された属名*Hortensia*は、*Hydrangea*の異名のひとつに過ぎず学問上は検討の余地もないものだが、その名には話題性があったため植物愛好家を喜ばせてきた経緯がある。

Hortensiaの名は「園芸の」を意味する「hortensis」に綴りが似ているが、実はまったく関係なく、オルタンス（Hortense）という女性名に因んでいる。話題の焦点は、属の名を献呈されたオルタンスという名の女性とは誰かをめぐるものだった。コンメルソンという人は、有名なブガンヴィーユの探検船にジャンヌ・バレという女性を男装させ、彼の使用人として乗船させたほどの型破りな人物だったのである。もちろんこのジャンヌも標的に上がったが、その他、オルタンス女王とか、著名な時計と実験器具の製作者の美貌の妻で数学者でもあった人物などがこれまで俎上に上げられてきた。しかし、いまではブガンヴィーユの探検とコンメルソンの乗船に一役買ったナッサウ＝ズィーケン家のある王子の令嬢だということになっている。

横道に外れたが、それに続いて登場したのが、シーボルトとツッカリーニによる*Hydrangea*

otaksa だった。ここでは煩雑になるので、この学名の植物をオタクサアジサイと仮に呼んでおこう。これが発表されたのは一八三九年に出た彼らの『フロラ・ヤポニカ』の一〇五ページで、第五二図版に図示もされた。

シーボルトらがオタクサアジサイを発表するよりも、四〇年近くも前に少なくともイギリスではアジサイに似た植物はかなり普及していたのである。こうした事情を知らずにシーボルトらはオタクサアジサイを発表したのだろうか。それはちがうようだ。その証拠は、オタクサアジサイを *Hydrangea otaksa* として発表する前に、シーボルトが *Hydrangea japonica* とともに *Hydrangea hortensia* という学名を発表していることである。後者の学名の種小名 *hortensia* はラマルクが提唱した属名 *Hortensia* によるものである。こういう命名はアジサイをめぐる、上に記したような経緯を知らずにしてはできないことである。

もしオタクサアジサイが、*Hydrangea hortensia* や *Hortensia opuloides* と同一ということになれば、それはシーボルトが書いているように、中国から日本に移入された可能性も考えられる。しかし、それらが日本から中国に移出されたものである可能性も依然として残る。ツュンベルクの標本はアジサイが同時期かそれよりも以前に日本にあったことを証している。*Hydrangea hortensia* が、ツュンベルクによって記載された日本のアジサイとは異なる、つまり日本のアジサイのように、本州の太平洋側に特産するガクアジサイに由来する系統のものではないとなれば、中国にもガクアジサイにきわめてよく似た野生種があり、その種においてもアジサイ同様に、正常花の装飾花化が起きたということになり、それはそれでまた興味深い。アジサイの仲間では正常花が装飾花に変じることは遺伝子のちょっとした変化で起きるらしく、ヤマアジサイやエゾアジサイでも知られていることであるから、その可能性がまったくないわけではないだろう。

こうした問題にたいする現在の見方は、アジサイは日本原産でそれが中国大陸に渡って栽培され、その一部がイギリスやモーリシャスにもたらされた、とするものであろう。私は、先の *Hydrangea hortensis* や *Hortensia opuloides* はシーボルトのオタクサアジサイとは分類学上は同一種に属する栽培品種であるとみるが、それらは栽培品種としてはまったく同一とはいえないと考えている。前者は装飾花の萼片が広卵形で、縁にまったく鋸歯がない、と故北村四郎教授は書き、セイヨウアジサイとして、日本の在来アジサイから品種のランクで区別した。

Hydrangea hortensis と *Hortensia opuloides* が同一のものを指すのかどうか、さらに検討が必要だが、ここではひとまずその議論は置くとして、これらを以後セイヨウアジサイと呼ぶことにしよう。セイヨウアジサイも基本的な属性は本州太平洋側の三浦半島と伊豆半島、伊豆諸島に特産するガクアジサイに一致する。そうした分布の狭い野生種が、遠く飛び離れて中国大陸に自生することは常識的には考えられない。セイヨウアジサイもその原型は日本で誕生したものである、と私はみている。シーボルトの頃、すでに古来からあったアジサイの系統は日本では消滅していたのだろう

か。おそらくセイヨウアジサイは、日本から渡来したアジサイを中国で独自に選抜、改良を加え生み出されたものなのだろう。詳しい検討は将来の課題である。

オタクサアジサイをツッカリーニと共同で発表したシーボルト当人は、私とは逆なことを考えていたことが判る。彼がフランス語で書いた『フロラ・ヤポニカ』の覚書きの一部を、抜書きしておく。

　セイヨウアジサイはシナで栽培され、何世紀も前にそこから日本に移入されたものであるから、いくつかの変種も当然これに由来する。それらの変種のひとつは十八世紀末にヨーロッパに移入され、今日では庭園に彩りを添えるものとなっている。同様に日本でよく広まっている別の変種には、もっと小さな菱形の葉がついている。その花は日本では常に青色を呈しているが、これは日本列島の火山性の粘土質土壌に含まれる鉄分から生じる色合いなのである。(中略)

　命名した*Hydrangea otaksa*は、セイヨウアジサイに酷似する植物で、はっきりと異なる植物なのかどうかは、いつの日か植物学者が決定を下すものと思う。いまのところ、次のような理由で別種のものとして扱っておきたい。すなわち、倒卵形で、先が短い鋭形で、基部がくさび形になる葉、常に美しい空色をおびる直径二一・六から二四・三センチになる大きな花序などによってである。この低木は日本ではまだまれであるが、これはシナから移入されたのが多分ごく最近だからだろう。シナ系の真宗の僧侶の庭でこれを分けてもらった。（中略）出島の植物園では「オタクサ」の名で栽培しており、七月に花をつける。ヨーロッパに移入された場合、この植物は園芸家にとってたいへん価値あるものとなることだろう。

オタクサアジサイにかぎらず、シーボルトは観賞価値がとくに高い植物の多くを中国から渡来したものと考えていた。実際に中国産の植物も少なくなかったが、日本を原産とするものも多くあったのである。

さて、オタクサアジサイは今日日本でみるいわゆる在来のアジサイと同じものなのだろうか。先に引用した一九五五年の論文で原先生は、これは日本で一二〇〇年前から栽培され、今日も栽培されているアジサイと同一と記している。しかし私の見方はちがう。そもそも『万葉集』に詠まれた一二〇〇年前のアジサイが今日のアジサイと同一である根拠は存在しない。日本では同名異物は日常茶飯事のことである。アジサイの仲間の植物が好きでご自身も多数栽培されていた先生が、在来のアジサイをなぜオタクサアジサイと同一とみたのか、私には不思議でならない。先生とこの問題を話し合った記憶がまったくない。いまから考えるとたいへん残念なことをしたものだと思う。

今日日本で栽培されるアジサイの多くはセイヨウアジサイの系統のものか、日本の在来の栽培品種の系統を取り入れオランダなどで改良された新しい栽培品種であるが、少数ながら在来のものと推測されるアジサイもみることができる。オタクサアジサイは、花序がやや小ぶりな半球形で、葉が倒卵形で短い尖鋭頭をもち、基部はくさび形となり、他の栽培品種とは異なると私は考えている。残念なことに、こうした特徴をもつオタクサアジサイに該当する栽培株に出会うことはできなかった。

だから私は、シーボルトがツッカリーニと共同で書いた『フロラ・ヤポニカ』の第五二図版に図示された*Hydrangea otaksa*、つまりオタクサアジサイと同一と思われるアジサイは、もはや日本ではみられないものだと思っていた。最近、日本アジサイ協会の杉本誉晃さんから、フランスの有名なアジサイ・コレクターの某氏から入手したというアジサイをいただくことができた。私自身も栽培して研究しているが、どうやらこれはシーボルトらが図示したオタクサアジサイと同一のものと考えてよさそうである。このことは別の機会にあらためて報告する予定でいる。

シーボルトのアジサイがオランダにはまだ生き残っているのか、残っているとすれば、どのような経緯でそこにあるのか、といった来し方を明らかにしたかった。

オランダではアジサイ（広義）は広く栽培されている。イギリスのバラに匹敵するほどに一般家庭にも多い。アジサイの一株はたいした場所もとらず、家々の庭に植えるには好都合なサイズの植物である。一般にオランダ人は手間のかかることは好きではないらしい。植えておけばほとんど放っておけるアジサイは、その点ではもってこいの植物だ。

オランダで普通に栽培されるアジサイ（右）とガクアジサイ（左）.
（右、2006年8月、左同年7月）

今日のアジサイには多数の栽培品種がある。が栽培品種レベルでのちがいへの関心は専門家や園芸好きの人にとっては重要なものであるが、一般にはあまり関心がもたれているとは思えない。おしなべて属名を英語読みにしたハイドランジェア（もっともオランダ語での発音は異なる）である。園芸店では鉢植えのアジサイもよくみかける。普通の園芸店などで売られている栽培品種も日本とほとんど変りがない。というか、それらと同一のものが日本にも輸出されているというべきかもしれない。

ではオランダと日本のアジサイを見較べてもちがいはないかというと、そうではない。私の観察は滞在しているライデンや近郊のハーグ、アムスフェーンなどのほか、北のレーワルデン、中央部のワーヘニンヘン、ホラント地方のエンクハイゼンやホールン、フォレンダムなどにかぎられるので、一般化はできないものの、まず大きく異なるのは、青色の装飾花をもつアジサイがみられないことだ。これは青色のアジサイをオランダ人が好まないのかというとそうではない。青色の花を忌避する特別な理由があるわけではなく、むしろ国旗の一部をなす青色はオランダ人の好きな色でもあるのだ。だから紅色やピンク色という花色は好みによる選択ではなく、青色の発色が抑えられる土質に関係がありそうである。実験的に確かめたわけではないから、これ以上のことはいえないが、かつては海底だったところを埋め立てて陸化した地域も多いオランダには、火山に由来するような、酸性土壌の地域がほとんどないのではないだろうか。そうした土質がオランダでのアジサイが紅色主体になっている状況を生み出している可能性は高いといえよう。

次の大きなちがいは花期の長いことである。もっとも日本で栽培されるアジサイの花期も、昔に較べ次第に長くなっているような気がするが、オランダでは八月に入っても花盛りの状態が続いているといってよい。八月上旬に北方に位置するフリージア諸島のアメラント島を訪れたが、そこでは多くの家々にアジサイが植えられ、見事だった。島でもっとも愛好されている植物はアジサイであるといってもよいくらいだ。紅紫色や紅色などの装飾花が夏の太陽に燃えるように鮮やかだった。夏は午後九時を過ぎても明るい。その長時間、日本では想像もできない燦々と輝く真夏日のアジサイに私は感嘆した。

アジサイは場所によっては十月でもその残り花をみることがある。オランダではおそろしく花期が長いのである。日本のアジサイのように梅雨の頃の、いっときの花という印象は少しもない。アジサイがいいのは、こちらでは花が終っても装飾花がいつまでも良好な状態で残ることだろう。日本のアジサイでのように見苦しい状態にはならないのだ。冬の、すべてが枯れ尽きた庭や公園で、淡い褐色に変じたアジサイの装飾花はひとつのオブジェとして十分に楽しめるものなのだ。

アジサイがヨーロッパ大陸、とくにオランダでこれほどまでに愛好されているのには、ツッカリーニとオタクサアジサイを発表したシーボルトに負うところが大きい。しかし一般の人に聞いても誰もシーボルトの名前さえ知らない。最近では日本でもお滝さんのことも知らない人が多くなっているときく。この花に自分の愛妻の名を献じたシーボルトは、こんなにもアジサイが普及し、多くのヨーロッパ人にも愛されていることを知ったらどう思うだろうか。

ライデン大学植物園

アカデミー・ヘボウの横の建物に付随した小さな通路を抜けると大学の植物園がある。大きいとはいえないが、よく手入れが行き届いた、居心地のよい植物園だ。Botanic Gardenとは名乗らずに、植物園を意味するラテン語ホルトゥス・ボタニクス（Hortus Botanicus）を名称にしている。オランダでは町の中心をセントルム（Centrum）というなど、いまだラテン語の単語が変形せずにそのままのかたちで随所で使われている。

蛇足だが、ヨーロッパの古い大学はエンブレムなどにラテン語での表記を用いることが多いが、その場合に大学を意味するuniversitasではなく、アカデミーを意味するacademiaを用いる。おおむね十六世紀以前に創設された大学はそうであるようだ。ちなみにライデン大学のそれはAcademia Lugduno Batavaである。バタウァはライデンなど、ライン川とマース川の河口あたりに住んでいたと、ユリウス・カエサルスが『ガリア戦記』に記すバタウィー族に因む。またLugduno は今日のリ

ライデン大学植物園（1）
上．植物園入り口．左の建物はアカデミー・ヘボウ．（2006年7月）
中央．オランジェリー．（2005年3月）

右下．エントランス・ホールを兼ねた新温室．（2005年3月）
左下．温室．（2005年3月）

オンの地を指したが、後に〝（ガリアの）町〟の意味で用いられる語となった。なのでLugduno Batavaは〝バタウァ地方の町〟であり、つまりはライデン（ときにはオランダ）の意味である。かつてインドネシアのジャカルタはバタヴィアと呼ばれたが、それは〝バタウァの（もの）〟という意味であり、オランダが領有したことからくる名称である。十八世紀末から十九世紀当初のヨーロッパは、いわゆるナポレオン戦争に明け暮れた。ナポレオン体制が一時的にせよオランダ王国を消滅させ、ラテン時代の地域名によるバタヴィア共和国が建設された経緯もある。ヨーロッパを旅するとき、カエサルスの『ガリア戦記』は必読の書であり、その史実はいまに生き続けているのを知る。古い話のついでに植物園の意味で用いる言葉にbotanicとbotanicalの二つがあるが、これも前者は歴史の古い由緒ある植物園にのみ使われる言葉といってよい。

大学の植物園の創設年には、五〇年の開きのある二つの説あるが、フェーンドルプとバース・ベキンクにしたがい（Veendorp and Baas Becking、一九三八）、一五八七年四月十三日とする説が支持されてきた。しかし、最近では一五九〇年二月九日が公式の創設の日とされている。この変更は、フェーンドルプとバース・ベキンクの研究以後の成果を反映したものである。

植物園の必要性を訴えたのは、後に薬学の教授となるヘレルド・デ・ボンとされ、創設期にこの植物園の発展に寄与したのはクルシウス（一五二六—一六〇九年）である。それを継いだのがすでにふれたボェルハーヴだった。

ライデン大学植物園（2）

右上．分類花壇でのリンネの分類体系説明板．（2006年7月）

左上．分類花壇の一角に建つリンネの胸像．（2006年7月）

右中．ラベル．（2004年2月）

右下．シーボルト庭園入り口．（2006年7月）

左下．ケヤキ．シーボルトの再来日時に持ち帰った種子から育った．（2006年7月23日）

植物園散策

二月になるとあちこちでクロッカスやスイセンが地中から芽を出し、花を開く。クロッカスはライデンのいたるところで目にする植物だが、もともとは栽培されていたものが逃げ出したもの、といわれている。こうした事情を知らなければ、そのあまりの数や彩りの鮮やかさから、植栽したものかと思ってしまうだろう。植物園の春もクロッカスから始まるといってもよい。樹下のあちこちに植えられた、もともとヨーロッパに自生していた植物も顔を出す。多様性は低いとはいえ、そうした自生種の異同に気をつけながらの観察は、時間が過ぎるのを忘れさせる。スミレの仲間や日本からのイカリソウなどの花がそれに続く。春の植物園はどこでも躍動的だが、ここも例外ではない。

小さいながらも温室もよく整備されていて、熱帯の代表的な植物のほとんどをここで目にすることもできる。ときおり学生が先生に引率されてやってくる。外部からの見学者も多いと聞く。ここは大学の植物園であり、研究材料となる植物の栽培に力をいれているのは当然である。世界中でラン科の絶滅が危惧され、その系統保存がイギリスの王立キュー植物園など、世界の植物学研究センターで進められている。とくに東南アジアの研究センターでもあるライデンでは、東南アジア地域のランの収集と栽培にも力を入れていて、このコレクションのぼう大さと、多種多様な様相には驚きさえ覚える。

園内にはリンネの分類体系にしたがった分類花壇や分類体系を説明した一角があり、そこにはクリフォート邸にあったものと同じ型からとった、リンネの胸像が建つ。一方、チューリップをここで栽培し、ヨーロッパにチューリップ狂時代をもたらした、クルシウスの薬草園は本園とは道を隔てた一角に復元されている。一般には公開されていないが、当時を知る興味深い庭園である。

シーボルトは二度来日している。最初の来日は一八二三年から二九年で、いわゆるシーボルト事件で国外追放の処分を受けての帰国だった。幕末の政情変化のなかで処分が取り消され、一八六〇年から六二年に再来日を果した。ときにシーボルトは六四歳だったが、精力的に活動し、植物の収集にも努めたのである。

ライデン大学の植物園には、彼の再来日時に持ち帰った種子から育った樹木がかなり生き残っている。そのなかには、大木となり多数の枝を出して聳えるケヤキ、トチノキなどがある。園の中心には朱泥色に塗られた日本風の瓦屋根付きの土塀（実際はコンクリート）に囲まれた日本庭園が造られ、入り口にはシーボルトのレリーフが彫まれている。庭園には日本ではめったにみない日本産の植物も植えられていて、興味深い。フジはヨーロッパの気候にも適しているらしく、方々に植えられていて、花どきに訪れればその見事な花房を目にすることができそうだ。

日本ではまだ花には早いシュウメイギクが、私が訪ねた七月下旬にはすでに花盛りとなり、メギも小さな黄色の花を開いていた。入り口からかなりの範囲を密生したイカリソウが占め、続いて樹下のほとんどをフッキソウが被っている。シロヤマブキ、ツノハシバミ、ヒノキ、アスナロなどの若木、アキグミとナツグミ、ムラサキシキブ、スギ、クサギ、キンシバイ、アマチャ、アジサイ、ニシキハギ、メダケ、アズマネザサ、ヤブラン、オオバギボウシ、ノカンゾウなどが目に入る。かなりの面積に植えられていたチャルメルソウの一種も興味を引くものだった。しかし、これは日本産ではなく、北アメリカ産の種と思われる。

庭の奥にある破風造りの休息所の奥にシーボルトの胸像がアジサイに囲まれて建っている。茶目っ気ある目で庭の訪問者を眺めているようである。この庭園を歩いて日本の植物を目にできるのは確かに嬉しい。が不満も残る。たとえば、シーボルトを取り囲むように植えられているアジサイは最近の栽培品種であり、シーボルトが命名記載したオタクサアジサイ（*Hydrangea otaksa*）そのものではない。ここが植物学の研究とは関係が薄い、公園のような施設だったならまだしも、世界有数の植物学の研究センターもあるライデン大学の植物園のすることではないと思う。*Hydrangea otaksa* そのものがすでに死滅してしまったのなら仕方がないともいえるが、現存もするだけに残念である。

興味を引いたのはフキだった。葉の直径が六〇センチにもなる大きなもので、しかも多数群生したそのさまは壮観であった。そのフキはちょっとみた感じは日本のアキタブキを思わせるところもあるが、これは歴としたヨーロッパ産の種である。フキ属（*Petasites*、キク科）は北半球に広く分布し、一九種あるが、ユーラシアには九種が産する。オランダやベルギーなどで川岸や湿った土手

ライデン大学植物園（3）
右．フキ属ヒブリドゥス種 *Petasites hybridus.*（2006年7月）
左．アオキ．ライデンに限らずヨーロッパで広く栽培される．（2004年2月）

などに群生しているのは、ペタシテス・ヒブリドゥス種（*Petasites hybridus*）である。この種は雌雄異株だが、本来の自生場所以外では雄株だけで増えているらしい。増殖の武器になっているのは走出枝で、その盛んな分枝によってだろう、ライデン郊外の川岸などでは大群生していた。

マバレー（Mabberley、一九九七）によると、ヨーロッパでは中世からこの植物を抗痙攣剤として使用してきたらしい。その効果は、テルペン類の一種である、ペタシンによるものであることが一九五〇年代に明らかにされたという。その効果は、ケシ科の植物から抽出する、パパベリンの一四倍も高い、ということである。

さて、シーボルト庭園の外に植えてある植物にも目を向けてみよう。私もときどきその下でひとときを過ごすことを楽しみとしているのは、トチノキとオニグルミの大木である。「一八六〇―一八六二年に植えた」とラベルに記された、それらは樹高が三〇メートルにも達し、巨大な樹冠は園外からも目にすることができる。フジとヤマフジもシーボルトが種子をもたらした植物である。中国原産のイチョウとシンジュもシーボルトの種子によるのだろうか。

今年（二〇〇六年）の七月はヨーロッパ中が、観測始まって以来の暑さに見舞われた。ライデンも三〇度を超す日が続き、驚いたものである。暑い夏のひとときを植物園で過ごすのは爽快である。空気が乾燥しているためか、樹陰は涼しい。多くの来園者が樹下で談論や昼寝を楽しんでいる。学術研究の場が市民の憩いの場としても定着しているといえよう。

クルシウスの薬草園

ライデンは、大量の日本植物の導入によって、ヨーロッパの庭園や園芸に変革をもたらした、園芸史上忘れられない町であるが、遡ればさらにひとつの重要な出来事がこの町から始まっていた。すでにふれたように、西ヨーロッパにおける最初のチューリップ栽培とその研究がライデン大学で行われたことである。ウィーンのハプスブルク家の宮廷で、侍医となっていた著名な医者であり薬学者兼植物学者でもあったクルシウスは、薬用以外の植物にも多大な関心を抱き、研究に勤しんでいた。そんな彼のもとにトルコに大使として駐在していたビュスベック（一五二二〜一五九二年）からチューリップの球根がもたらされた。

クルシウスはライデンに移る際に、その球根を携え持ち帰り、薬草園に植えたのである。当時の医学は薬草に頼っており、すぐれた薬草の研究には植物についての知識が欠かせなかった。当時の

「チューリップ取引の寓意」1640年頃
ヤン・ブリューゲル（子）　Jan Brueghel the Younger, 1601-1678
ハールレム、フランス・ハルス美術館蔵

医学・薬学・植物学の三位一体化した学問を「本草学」といった。ライデン大学に招聘されたクルシウスは当代最高の「本草学者」だった。

大学の薬草園で開花したチューリップは何度も盗まれた。盗まれることを通じてチューリップへの関心がいやがうえにも高まったのである。やがて状況はマニアックなものとなり、何人ものチューリップ狂いした人を生んだ。球根の値は吊り上がり、やがて投機的色彩さえおびてきた。全財産をチューリップに投資する人さえ現れたというから、相当なものである。

一般に公開されている植物園から道ひとつ隔てたところに当時を復元した薬草園がある。一望も可能なその小さな薬草園から、やがて今日の植物学が発展したことを想うと感慨深い。さらに、クルシウスとシーボルトの遺産ともいうべきチューリップ、ハイドランジェア（アジサイ）そしてユリは、オランダが誇る園芸産業のスターたちである。歴史を踏まえての産業発展といってよい。私の目に、伝統的な園芸植物の多くが顧みられることもなく消え去る日本の現状が重なる。

ライデンの日本

江戸時代、日本にとって唯一の西洋であったオランダでは方々で両国間の四〇〇年に及ぶ交流の証を目にすることができる。ライデンもその例外ではない。では、最初にライデンを訪問した日本人は誰だったのか。日蘭友好四〇〇年の年にライデン市立博物館が出版した『誉れ高き来訪者』（二〇〇〇年）を読むことができ、それが一八六二（文久二）年のことであることを知った。

植物園を訪ねた福沢諭吉

下野藩主竹内保徳を長とする遣欧使節一行総勢四〇名ほどが、一八六二年にオランダを訪問した。それは徳川幕府が西洋に派遣した数少ない外交使節である。時代は一層混乱を増し、前々年にはオランダの商館長らが横浜で殺害されもしていた。

一行のなかの一六名が七月四日にライデンにやってきた。『誉れ高き来訪者』によると、この訪問

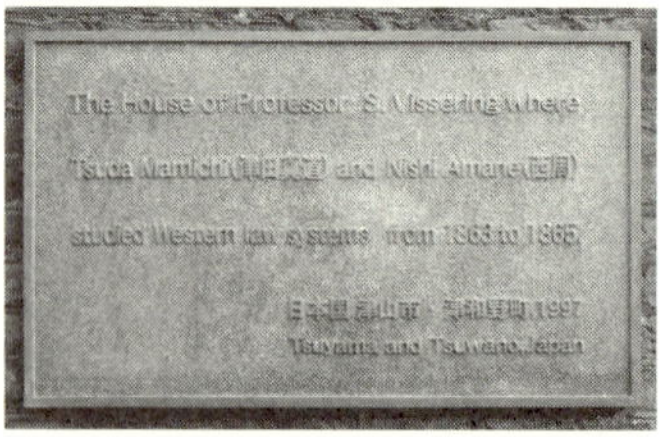

日本人の足跡

右上. 津田真道・西周が下宿した家.

左上. ホテル・ドゥ・ゾン跡. 中央の建物.

中央. 津田・西の滞在を記すプレート.

下. 旧商船学校.（いずれも2006年8月）

の前日に新聞は、彼らのなかにオランダ語を良く理解できる者がいることや、風貌などを紹介した記事を書いている。一行は、自然史博物館や大学のアカデミー・ヘボウなどを訪ね、評議会室では評議員の歓待を受け、総長ライケ教授のスピーチを聞いた。植物園訪問では市民が彼らに間近に接する機会となった。さらに天文台、物理学教室、病理学教室などを訪れ、続く王立製鉄所では製造諸工程や披露された実験などに目を輝かしたという。そのなかにいたひとりが福沢諭吉だった。

七月六日にはホフマン教授の案内で、医師の松木弘安と箕作秋坪、御小人目付の山田八郎、福沢諭吉が再びライデンにやってきた。彼らは再び物理学教室を訪ねて、ライケ教授の様々な実験に立ち会い、医学部解剖学教室や大学図書館にも訪問の足を延ばしている。

大学植物園やアカデミー・ヘボウの評議会室を訪問した最初の日本人のひとりに福沢諭吉がいたことは存外知られていない。まわりの福沢を知る若い日本研究者や日本からの留学生にこの話をしても、この事実はあまり知られていないようだった。彼らは一様に驚きの言葉を発したのである。

ホフマン教授

二〇〇五年三月二十一日に「ライデン大学における日本学研究一五〇年」と題するホフマン講演会がライデン大学アカデミー・ヘボウで開催された。私は講師のひとりに招かれ、「二十一世紀のシーボルト」と題する講演を行った。そのときのことは東京大学出版会の雑誌『UP』に書いた（大

ホーフランツェケルククフラハト通り
右．かつてライデン大学初代日本学教授ホフマンが住んだ家．
左．通り中央に植えられたコーカサスサワグルミ．（いずれも2006年8月）

場、二〇〇五）。

ホフマン（一八〇五〜一八七八年）はライデン大学最初の日本語及び中国語の教授となった学究だが、彼の経歴からは、この人物のただものではない多才ぶりと、活動の跡を読み取ることができる。シーボルトと同郷のヴュルツブルクで一八〇五年に生まれたホフマンは、最初、古典言語と古典文学を学んだ。しかし、二十歳のとき、突然道をオペラ歌手へと転じた。一八三〇年七月に最初の日本訪問から国外追放の処分を受け、帰国したシーボルトは、乗船したジャワ号に乗せた生きた植物、標本などを引き取るために、アンヴェルス（アントワープ）にいた。ちょうど同じ頃にホフマンはアンヴェルスにオペラ歌手として滞在していて、同郷のシーボルトに出会い、シーボルトが日本で収集してきた日本語文書を翻訳する仕事を手伝うことを引き受けた。

一大転機してシーボルトと共にライデンに来たホフマンは、シーボルトの中国人助手、郭成章の手助けによりまたたく間にシーボルトを凌ぐ上達ぶりで日本語への理解を深めていった。ホフマンは言語に天賦の才を有していたといえる。ホフマンは期待にたがわずシーボルトの『日本』に多大な貢献を果しただけでなく、独自に『日本文典』などの著書、論文なども多数著し、日本学者として大成した。とくに、彼の文典は高い評価を受け、英訳も出版されたほどである。

ホフマンは友人たちの努力で、後にオランダ領東インド政庁から日本語翻訳者に任命され、いまからおよそ一五〇年前の一八五五年にライデン大学の教授となったのである。竹内保徳らの訪問時だけに止まらない。ホフマンは親身になって日本からの留学生の世話した。なかでも津田真道と西周へのそれは、筆舌に尽くし難い。

ホフマン講義があったその日は、シーボルト・ハウスのオープニングの日も兼ねていた。講演会終了後にアカデミー・ヘボウからも数分のシーボルトの旧居に誕生したシーボルト博物館シーボルト・ハウスに全員で出向いた。ホフマンとシーボルトの縁に思い至すなら、この同時開催も故有るかなと思えなくもないが、晩年この二人の仲は冷たいものになっていたともいわれている。そういえばシーボルトを日本で公私ともども援助したビュエルガーとの仲も次第に冷えたものになった。交流だけでなく、友情も長続きしない理由のひとつに名誉や功を独り占めにしたいシーボルトの性格をあげることができるだろう。シーボルトは自尊心とともに功名心が目立つ人だったのである。

新旧ラインに囲まれた三角形のほぼ頂点に位置するブルハト（城壁）の東の方向にあるのがホーフランツェ教会だ。旧ラインの方からその教会に通じている道がホーフランツェケルクフラハト通りである。かつてはこの道の中央に植えられた木々に馬を繋ぎ止め、礼拝に赴いたのだろう。ここにはコーカサスサワグルミの列状の植え込みがあり、閑静なライデンのなかでもとくに閑静な一画になっている。教会に向かって右手を占めるひと続きの建物があり、その二三番に教授時代のホフマンは住んでいた。また一七番には、一時期シーボルトが日本で収集した地質・鉱物関係の収集品が収容されていたという。

仕事場からの帰り、ときどきハーレマストラート通りからホーフランツェケルクフラハト通り、さらにブレストラート通りを経由して、ホテルに戻ることがあった。サワグルミにそっくりな、大きな羽状複葉を樹冠に叢生したこのコーカサスサワグルミの緑陰は目に心地よく、騒音から開放された気分を味わうことができた。オペラ歌手という派手な生活に区切りをつけたホフマンにとって、この静謐は学究生活という新たな舞台に心地よくはあっても決して不快なものではなかったであろう。

ラッペンブルク一二番

私が宿泊するホテルはラッペンブルク運河に面して建つ。ホテルから目と鼻の先の一二番にある建物にかつて大学の経済学教授、シモン・フィセリンク（一八一八―一八八八年）が住んでいた。日本で彼の名を有名にしているのは、彼が日本の近代化に大きな足跡を残した津田真道と西周に、経済学をはじめとする、法律、政治、外交、統計学などをほぼ二年間にわたって教授したことである。その建物の、ラッペンブルク運河と直交するランヘブルク通り側の壁面に、津田と西がここで学んだことを示すプレートが嵌め込まれている。このプレートは一九九七年に岡山県津山市と山口県津和野町が、彼らの顕彰のために作製したものである。プレートには英文で、「フィセリンク教授邸、ここで津田と西は一八六三から六五年まで西洋法体系を学ぶ」、という趣旨のことが記されていた。

その年の前年つまり一八六二（文久二）年、幕府はオランダ貿易会社に大型蒸気船の建造を依頼し、操舵、航海、補修などに必要な、あらゆる分野の人材の養成をはかるため、一五名の日本人をオランダに派遣した。後に「開陽丸」と名づけられるこの船の建造は、最初、アメリカ合衆国政府に依頼されたが、南北戦争が起ったために断られ、急遽オランダに注文ということになったものだそうだ。

ホフマン教授は、一八六三（文久三）年六月六日に彼らが到着したロッテルダムまで一行を出迎えにいったばかりか、当座の宿泊先であるライデンのホテル・ドゥ・ゾンまで案内もした。この一行中の有名人は後の榎本武揚、すなわち榎本釜次郎だろう。長崎の海軍伝習所で医学を学んだ伊藤玄伯と林研海は、ポンペ（・ファン・メールデルフォルト）博士の力添えでデン・ヘルダーの海軍病院でさらなる研鑽を積む機会をもった。

開成所にいた津田真道と西周の二人もこの一行に加わってオランダに来たのだ。ホフマン教授は二人を自宅に近い、ホーフランツェケルクフラハトに下宿させ、先の『誉れ高き来訪者』をみると、彼らの勉学について骨身を惜しまず面倒をみたと推察される。ホフマンは、彼らの教育を同僚のフィセリンク教授に託し、講義要綱の作成を依頼した。フィセリンクは引き受けはしたものの、「だが、小生望むところの成果がみられぬ場合、若しくは、他の理由にて我が心変様せし時には、この教育指導を何時如何なる時にも放棄出来うる事を条件とす。」との一筆をホフマンに書き送っている。どうせ碌な奴ではあるまい、という疑念を消すことができなかったにちがいない。彼が、二年後の一八六五年に津田と西に宛てた書状がある。フィセリンクは次のように書いた。

「今や、この責務を終え、無条件なる満足感に浸り、この二年間に渡［ママ］る任務をこうして振り返っております。懸念していた嫌悪感は、互いの面識を得た後には瞬く間に消え失せてしまっておりました。我々は、全ての点において直ちに互いの事を完全に分かり合う事が出来ました。私は、あなた方学徒が勉学精励勤にして知識欲旺盛だけならず、賢明にして理智、高潔なる意気を備えた人柄である事が見てとれました。私の施す教育が必ずや素晴しく結実するに違いないとすぐに確信致しました。」（引用はいずれも『誉れ高き来訪者』から）

一八六六（慶応二）年に彼らは帰国した。数年後に誕生した明治政府が制定する諸制度の草案作成や、アカデミーに当る日本学士院の発展などに、彼らが大きな貢献を果したことは、日本中にあまねく知れ渡っている。

津田と西を思う

夕方、ラッペンブルクに沿って私はときどき散歩した。一二番にあるその建物の前を通ったある日、ふとフィセリンクの上記の手紙のことが浮かんだ。二つの手紙から読めることは、津田も西も礼節を弁え、勉学に励んだ優秀な学生だったことだ。彼らは、当時の日本ではえられない知識を学び、帰国してそれを活用した功績は大きい。ホフマンやフィセリンクが彼らに課した教育もそれを意図したものであったろう。だが、その二年間の留学中に彼らにできたのは一方的かつ受動的な知識の摂取でしかなかったにちがいない。留学とはただそういうものなのか。

彼地で暮さなければできないことに、我彼の間にあるギャップを埋めることがある。この点では、津田と西は、師のホフマンやフィセリンクだけでなく、彼らが日々接したライデンの人々に、日本人というものの印象を刻む役割を果したといえる。彼らがライデンに暮した日々、この町そして人々から、それこそ五感を通じて彼らが感じ取った体験というものも留学の成果である。だが、彼らはそれを帰国後の人生において活かすことはあったのだろうか。

ずっと後のことだが、フランスへ留学した森有正の著作のことを思い出す。あの体験こそは留学なしには生み出せないものである。だが、津田と西の時代にあっての留学には自己の研鑽を超えた使命が優先されていたのだ。自らの希望は心底に押し止めなければならない時代であった。それがゆえにこそ彼らの胸の内を訊ねたい欲求にかられるのだ。

それは今日の大学院のことだが、私の経験でいえば海外からの多くの留学生はただ受動的に学んで帰るだけではない。ときには能動的でさえあり、刺激的でもあった。彼らには独自の思考法があり、「どうして」かを考えるとき、役立ったこともあったりした。留学は一方的なものではなく、共同参画の機会なのだ、と私は思う。そういう意味で日本からライデンにきた最初の留学生は誰だったのだろう。

いまはなきホテル・ドゥ・ゾン

文久二年の開陽丸建造にともなう、幕府の遣欧留学生一行はひとまずライデンのホテル・ドゥ・ゾンに宿泊した。ホテル・ドゥ・ゾンの住所はブレストラート一五五番地だが、いまはその場所にホテルはなく、地階に雑貨を扱う商店のある三階建ての建物が建つ。その建物はいかにもホテル風で、かつてホテル・ドゥ・ゾンが営業していた建物がこれであることがすぐに判る。ブレストラート通りといっても一五五番地は、ラッペンブルク運河からは遠く、スティーンシュウル運河に接した、その通りの南東側の外れに近く位置する。このホテルが同運河やもっと船数も多い新ライン運河からの船客にも恵まれた立地に建っていたことに納得がいく。

幕府の留学生が到着したとき、ホテルの前は物見高い市民が殺到したという。江戸のオランダ商館使節の定宿「長崎屋」の前に群がる町民を描いた葛飾北斎の絵を思い浮かべてしまう。先の『誉れ高き来訪者』は、「その数夥しき群集がブレストラートのホテル・ドゥ・ゾン前に押し寄せたりするような無分別や、文明の中心地と呼ばれるも少なからず珍しくないこの地において、そのような不品行がまかり通るような事は、即刻にして終結してくれる事を希求するものである。なぜならば、彼等外国人の目に、ライデンの地がその名に恥じぬものであると映っているとは思えないからである。」という、八三年六月九日付けの新聞ライツ・ダッハブラットの記事を引用している。この時代おそらく日本もそうだったろうが、オランダでも「恥」ぬようにすることに意を汲んでいたのだ。

商船学校

ラッペンブルクの北の突き当たりの右手がブレストラート通りだが、逆方向はノードアインデ通りになる。その道路がウィッテ運河を越える直前の右手に大きな直方体の建物がある。かつての商船学校で、正面玄関にはKWEEKSCHOOL VOOR ZEEVAARTの表記が認められる。地階を含めて四階建てのその建物は地階を含め三階までが間隔をおいて大きな円形破風窓が設けられ、正面からみると最上階には五つの直方体の大きく張り出した屋根窓があり、最上階と下方の階との境を二つの異なるパターンを用いた装飾の帯が取り囲んでいる。地階とその上の階を占める正面玄関の、上部階（日本式では三階）はバルコニーになっている。やや明るい泥色のレンガで装われたその建物は、いつ訪ねてもひっそりとしていた。おそらくいまはさしたる用途に利用されているのではないのだろう。文久二年の留学生のうち、はじめは八名がここに寄宿した。うち山下岩吉と古川庄八と思われる二名は、有名な教育者ファン・ダイクが住んでいたヘーレンフラハトに移転したが、六名はここに寄宿を続け、勉学したといわれている。

因みにこの建物の裏側、すなわち西側には、画家レンブラントの誕生を記念する碑があり、小さな広場となっている。ここから道を北にたどり、ライン運河の方向を望むと跳ね橋があり、その奥手に風車がみえる。レンブラントの風景画をみているような錯覚に陥る。やや日が翳り、全体がくすんだ色合いをおびる夕方はとくにそうだ。

日本から帰ったシーボルトは、ライデンにかなり長く住んだ。彼は日本コレクションを公開したかった。その意図には計り知れない部分もあるが、事情もあり場所を点々とした。シーボルトはライデンの郊外で日本から持ち帰った植物をヨーロッパの庭園で育つように、栽培し馴化させた。一時ライデンが日本の植物や文化のヨーロッパにおける発信基地となったのは確かなことである。

先の『誉れ高き来訪者』にはミステリーがある。同書によれば幕末の一八六七年パリでの万国博覧会に参列する徳川家の将軍、慶喜の弟で、十四歳の昭武一行がわずか一日ではあったがライデンを訪ねた。そのとき、昭武は、「シーボルトに案内され、彼の馴化植物園を訪ね、そこにあった邸宅

「ニッポン」で昼食の饗応を受けた」、と書かれているのだ。遣欧特使徳川昭武がパリに向け、日本を出発したのは確かに一八六七年で、その一月十一日である。彼らがオランダに滞在したのは九月であった。が、シーボルトは前年の十月十八日、つまり慶喜が将軍職につくほぼ二カ月前に、ミュンヘンで七〇歳の生涯を閉じていた。

昭武一行をシーボルトの名で案内したのは誰なのか。息子のひとり、ハインリヒだったのだろうか。私にとってさらに興味深いのは、シーボルトも設立に関係した、オランダ王立園芸振興協会との関係のことである。同協会が発行していた花カタログが最後となる号を刊行したのは一八八二（明治一五）年だから、昭武一行を迎えた六八年にそれが存続していても変ではない。だが、シーボルトの没後一年目には、まだ彼が建てた邸宅「ニッポン」が存在し、かつその馴化植物園をシーボルト（家）が利用できる状況にあったことである。シーボルトにはまだ明らかになっていないことが多々あることを実感する。

折々の植物

古くから耕作や牧畜に利用され、幾多の戦争にも蹂躙されてきた西ヨーロッパでは、手付かずの自然に接することは望むべくもない。また、国土の二〇パーセントは人間の手で生み出された、というオランダである。それにしてはよくもここまで林地を広げ、緑豊かな国土を創成したものだと思う。確かに森があり、木が生え、林床には草も茂っているのだが、種の多様性は日本に較べたらはるかに低い。致し方のないこととはいえ、多様性に恵まれ、日々とはいわないまでも、折々豊かな自然に接している目にはやはり、その貧弱さは隠しようもない。シーボルトが日本の植物に期待した、庭園の改造の気持ちが理解できる。

現在のオランダは園芸世界の最先端を歩む国のひとつである。チューリップの見本市で有名なキューケンホフもライデンからそう遠くない。

シナノキとシナノキにまつわる話

ライデンにかぎらずヨーロッパでの木々は緑が美しい。今年（二〇〇六年）のヨーロッパはどこも真夏日が続き気温は連日三〇度を超える暑さである。だが樹冠の緑には目を癒される。その緑は日本の木々に較べ明らかに色淡く、柔らかで、暑苦しくない。ライデンをはじめヨーロッパの中心部は緯度では樺太よりも北に位置している。日本とは光線の質がちがうのだろう。

王宮のあるハーグもライデンから車でおよそ三〇分の距離で、その間には広大な敷地を誇る裕福な人々の屋敷が並ぶワセナールがある。

ハーグやワセナールに較べるとライデンの佇いは質素そのものといえる。郊外に続く新しい道路や新開地を別にすると邸宅と呼べる庭付きの家々は少なく、石畳が続くライデンの旧市内は街路樹さえ少ない。並木と呼べる多くは運河に沿ってつくられていて、植樹は広場や公園で目にするくらいで、これを叢林と呼ぶには寂しい。市内でよく目にするのはシナノキの仲間の木である。ポプラ（ハコヤナギ）の仲間のイタリアポプラ（*Populus nigra* 'Italica'）とシダレヤナギも多い。それにナラの仲間である。広場や公園にはさらにセイヨウトチノキ、ヨーロッパブナ、ベニスモモなどが加わる。なかでもポプラは幹がまっすぐで、高く聳え、遠方からでも目立つ。

シーボルト・ハウスのあるラッペンブルク運河は両岸に、まだ高さも一〇メートルそこそこで生長途上にあるシナノキ（ここでは総称名として用いる）が植えられている。これは、運河に沿う道

ライデンの緑
右上．ランヘブルク通りのシナノキ．
中央．ピータース教会周辺のシナノキ．
右下．郊外にみる緑地帯の樹林．シダレヤナギやイタリアポプラが多い．
左下．モース運河に沿って植えられたシダレヤナギ．（いずれも2006年）

路の整備にともない、最近になって植栽されたものであるが、運河沿いには誠にシナノキが多い。ライデンで植栽されているシナノキの多くは一種（一系統）と思われる。葉は五角形状で、裏面がやや灰白色になる。八月は果実が熟し始める季節だが、風にひるがえった葉は日を浴びて白く照りかえり、木一面に花が咲いたようにみえる。このシナノキは*Tilia ×europaea*、いわゆるセイヨウボダイジュと呼ばれる種に包括されるもののように思われる。これは、ティリア・コルダータ（*Tilia cordata*）とティリア・プラティフィロス（*Tilia platyphyllos*）の自然交雑に由来するといわれている。ヨーロッパのシナノキは多型で、もともとの自生種間での交配だけでなく、民族の移動などにともなって持ち運ばれ栽培された木と、もとからそこに自生していた木との間に生じた雑種も存在する。ライデン市内にも、まれではあるが、セイヨウボダイジュではなく、葉の裏面に綿毛状の白毛を密生したティリア・トメントーサ（*Tilia tomentosa*）ではないかと考えられる木も見出せる。

セイヨウボダイジュの花は、甘いよい香りを放つ。恋人が樹下で憩うにふさわしい木でもあり、その気分を回想したのがシューベルトの『菩提樹』であろう。蜜を集めにたくさんのミツバチやマルハナバチがやってくるが、多量に蜜を吸うと、中毒を起すらしく、樹下にマルハナバチなどの死骸がみられる、とマバレーは書いている。シナノキの蜂蜜は芳香が素晴らしく、蜂蜜としては第一級なのだがなかなか手に入らない。マバレーはまた年間一平方メートル当り一キログラムもの糖度の高い雫を出すので、樹下に駐車した車などを汚し、嫌われていると書いているが、ライデンのシナノキは厄介者扱いをされているとは思えない。さらにシナノキは糖を含む多量の樹液を分泌するため、アブラムシが群がり、このことも嫌われる理由になることがある。事実、その雫はベタベタしていて車はもちろん、衣服にもついて厄介視はされているらしい。だからといってシナノキは困るとは誰もいわないし、いったところでどうなるものでもないと思っているらしい。シナノキとはそういうものだ、という顔である。

ところで、新葉が糖質の高い雫を落とす樹種はシナノキにかぎらない。日本でも春先のケヤキなどがそうだ。樹下に駐車するとたちまちそれにやられるが、大方はだからといってケヤキの木を切れとはいわないが、ところによっては苦情も多いらしい。ケヤキがもたらす恩恵はかぎりなく大きいのにと思わずにいられない。わずかの欠点のみをみて、その存在の大きさを忘れることはしばしばあるとはいえ、悲しいことである。ここのシナノキにも同じことがいえるわけだが、公の場でそういう苦情をいう人はオランダでは少ない、と私はみたがどうだろうか。

ライデンの市民は木というか植物を大切にしている。法律で帰化植物であれ何であれ、野外で植物を採取することは禁じられているらしいこともあり、道端の雑草ものびのびとしているようにみえるくらいだ。

運河に沿ってシナノキを植えるのは、その昔土を固めて堤防をつくっていた時代に、シナノキの枝を編んで土留めにした名残りであろう。シナノキは枝が柔らかく、かつ強靭なために、そうした用途に欠かせなかったにちがいない。

広場のシナノキは幹の下方から出る枝を剪定してしまうためか、下枝がない。多くは間隔をおいて二列に植えられている。人の集まる場所である教会や市庁舎には、必ずちょっとした広場があって、多くはいまでも残っているが、そこにみる樹種にはシナノキが多い。舟の利用者も多かったが、馬でそうした場所に集う人もいたのである。シナノキは駒止めに利用されたのだろう。暑い夏はその樹下は日陰になり、馬にもやさしい。そういえばオランダではいまも多くの牧場で馬をみる。乗馬に利用するといっても数が多過ぎる。なぜこんなにも多くの馬が飼育されているのだろうか。私には理由が見出せないのだが、食肉としてのほかに、いま想像しているのは、休耕地の回復や肥沃化のためではないかということで、今度機会があったら確かめてみたいと思っている。

ライデン市内に多いシナノキは、*Tilia ×europaea*、いわゆるセイヨウボダイジュだとしたが、それは広義にみればのことで狭義にとらえた場合はたぶん別の分類群に分類されるものだろう。ティリア・ホランディカ（*Tilia hollandica*）という学名もあるらしいが、それに当るのかどうかはまだ調べていない。

オランダは日本よりも面積は狭く、香港やシンガポールのような都市国家を別にすれば、人口密度も世界一高いと聞く。だが、国土の大半が平地であるオランダは地平線まで広がる平坦地が続く。そこが面積的にはオランダよりは大きくても平地の少ない日本とおおいに異なる点である。実際の面積の大小でなく、大きな心構えの形成にとって、地平線までさえぎるものとてなく続く大地を日々眺めて暮すことの効果は大きいのだろう。オランダの国民性はまことに大国並みで、些細なことには頓着しないようにみえる。

シナノキに由来する言葉

市場にシナノキが間隔を置いて植えられているのは、かつてそこに馬を繋いだことの名残りであることは書いたが、ライデンでは教会の前庭や運河沿いの広場など、人の集まるところは必ずといっていいくらい、シナノキが植えられている。これはライデンにかぎらない。ブリュッセルやヘント、ブルージュでもそうだった。だがヨーロッパでもより南の地中海地域、あるいは西アジアになると、それが乾燥に強いシダレヤナギ、とくにポプラに代わるといってよい。

ポプラの日本名はその属名である*Populus*によっているが、広場に普通な、つまりはポピュラー(popular)な木であった。ポピュラーという語はポプラも指す語populusから派生した言葉popularisによるのは明らかだが、人々をいうpeopleの語源もポプラと同源である。しかし語源からは両者は別系統の語と推定されていて、人々の方は〝完全な〟とか〝充たされた〟の意味のplenusに表れる〝ple〟を、ポプラの方は〝膨れる〟を意味する〝pamp〟あるいは〝pap〟を語幹としていると、大槻真一郎先生は書いている(大槻、一九七九)。一方、クライン(Klein、一九七一)は、ポプラの語がギリシア語の*ptelea*あるいは*pelea*に由来するとしている。*ptelea*や*pelea*はニレを指すと解されている語である。だがポプラが*p(t)elea*に由来するのかどうかは予断は許さない。ヨーロッパに普通に植えられているポプラには、葉裏が白色になるウラジロハコヤナギ（ギンドロの名もある。学名は*Populus alba*）と、緑色のセイヨウハコヤナギ（イタリアポプラはこの系統。学名は*Populus nigra*）の二種がある。テオフラストスは前者に*leuke*、後者に*aigeiros*の語を用いている。*leuke*とは、白癬など、白いものを意味するleuconに通じる。

　ところで、ポピュラーの語源について、ほぼすべての文献が人々をいうpopulusから来ているとしている。私はたとえpopulusが別系統の派生語として誕生したとしても、その派生語popularisがple系統の人々だけではなく、pamp系統のポプラからも来ていまいかと想像してみることがある。つまり、〝人々→民衆→大衆→普遍→普通な〟、という派生系統だけではなく、〝（ポプラのように）どこにでもある→普通な〟という派生系統もあるのではと想像するのだ。まったく可能性がないわけではないと思う。

　脇道にそれたついでにもう少し言葉のことを書かせていただこう。ところでシナノキは英語でLindenまたはthe lime treeである。linはもともとまっすぐな繊維や糸あるいは紐に関係した言葉で、シナノキがかく呼ばれるのはその樹皮から繊維を採ったからだろう。日本ではシナノキの樹皮から繊維を採り、シナ布を編んだ。またアイヌの人々のアッシの素材のひとつでもあった。これは世界中に共通する現象だが、繊維の素材は木本から容易に栽培ができる草本へと変わっていく傾向が認められる。ヨーロッパで繊維植物として普通に栽培されるようになったのはアマ（主体は*Linum usitatissimum*）とアサ（ヨーロッパの場合は*Cannabis sativa*〔和名アサ〕）が最初であろう。アマの繊維としての利用ははるか昔に遡るが、ヨーロッパで畑に栽培して繊維や後に述べる油の生産に利用するようになったのはたかだか数千年前のことではなかったかと想像している。

アマの英名としてはいまではflaxが多く用いられるが、非印欧語起源のlin系統の語も古くから使われてきた。ローマ時代の名称によると思われるアマの属名*Linum*もその経緯を示していよう。糸や繊維が生活にとっていかに重要なものであったかは、アマ（さらに遡ればシナノキの可能性も高い）に由来する言葉の多さからも容易に想起することができる。線lineはむろん、家系や血統をいうlineage、定期航路をいうliner、保線夫linemanなどの言葉もlinの派生語であることがただちに理解できる。lineには「裏地をつける」という意味がある。この語は亜麻布すなわちリネンlinenと同源で、かつて牛や羊の革でつくられた衣服やカバンなどをシナ布や亜麻布で裏当てして使ったことから来ているのだろう。先の定期航路のlinerには、コートの裏着（インナーとかライナーのこと）、裏をつける人、もう少なくなったが音楽のレコードのいわゆるジャケット、「はさみ金」の意味もある。同じ語形をしているが、これらの意味で用いられるlinerの語はlinenと同系統のものであり、定期航路のlinerとは派生の道は異なっていた可能性が高い。逆に「のろのろした」あるいは「でれでれした」状態をいう古期英語lenganから由来したようなかたちをとる婦人用下着のランジェリーlingerieも、亜麻のlinに関係する可能性が高いと思われ、語源的にはlinenプラス-eryではないだろうか。というのも、接尾語-eryは製品、性質、状態、職業などを表すので、この語は〝アマ(でつくられた)製品〟という意味から来た語とみることができるからだ。

一方、linよりも新しい言葉であるflaxにはあまり派生語がない。それはシナノキなりアマなり繊維植物をlinと呼んでいた時代に、今日の日常生活とそれに欠かせない必需品がすでに確立していったからであるにちがいない。派生の仕方を調べると、人々がモノをどのように理解し、命名していたかがいろいろと想像されて楽しい。眠れぬ夜には実によい慰みごとである。

繊維を採った後に残ったアマの種子も、有効に利用されたのはいうまでもない。亜麻仁油がそれである。紀元前八〇〇〇年には使用されていたという。アマは次第に繊維としての重要性をワタに譲っていく。ちなみに繊維を採った後のワタからも、採油(綿実油)されることは共通点としておもしろい。

シナノキのあるところ、すなわち広場あるいは教会に関係したものにもlinの名が付いたことは容易に想像されることである。そこに住む人もだ。植物学の父、リンネLinnéの名もシナノキによることは明らかだ。LindaやLindbergの名もシナノキに関係するだろう。ヨーロッパとくに北欧には多い名前だ。

アマにふれたついでに、かつてオランダは亜麻布や麻の生産でも名をはせていたことを書いておきたい。

ライデンの歴史でふれたが、スペイン軍の包囲から解放された現在のオランダの新教地域には、南部のフランドルから多数の宗教難民が移住してきた。ライデンはこのような人々により、十七世紀にはヨーロッパ最大の毛織物工業都市に成長したが、第三の大都市となったハールレムにはフランドル地方から、麻や亜麻織物の生産者が難民として入り、一六二二年には約四万人と推定される市の人口の半数近くを占めた、といわれている。

彼らがもたらした新技術に加え、砂丘から流れ出る水を用いて、糸や織物を漂白する方法も考案され、ハールレムは一躍、麻・亜麻織物工業都市として繁栄することになった。ここで漂白された麻や亜麻製品は「ハーレム・ブリーチ」として人気が高まり、最高級の肌着などがつくられた。原料となる亜麻は主に地元で換金作物として生産されたが、遠くバルト海地方などからも輸入された。また、漂白だけのために、遠くフランドルやドイツからも麻や亜麻の糸・織物がこの地に大量に送り込まれる状況を生んでいた。

宗教戦争は、このようにオランダの産業地図を大きく塗り替えることになったが、同じ現象は貿易や金融といった商業活動にも及んだ。なかでも一五八五年までは西ヨーロッパ最大の国際貿易都市として繁栄を誇っていたアンヴェルス（アントウェルペン、アントワープ）が、スペインの支配

「漂白場のあるハールレムの風景」1670年代
ヤーコブ・ファン・ライスデール　Jacob van Ruisdael, 1628/29-1682
ハーグ、マウリッツハイス美術館蔵

下におかれた時点で、そこで活動してきた、手広い貿易ネットワークと膨大な資本をもつ、多数の大商人やユダヤ人が大挙してアムステルダムに流入してきたことは大きい。これによりアムステルダムを中心とした、イギリス、地中海、ドイツ内陸部との貿易が大きく発展する。また、増加した人口に見合う穀類や木材、鉱石をバルト海沿岸地方などから輸入するために船舶の建造が盛んとなり、ハールレムで生産された麻は、こうした船舶が必要とするロープにも欠かせないものとなっていった。また、毛織物工業への動力供給のために、この時代数多くの風車が登場したといわれる。

私自身はオランダで亜麻畑はみたことがない。いまもあるのだろうか。時代の変遷といえばよいのだろうが、食用や工芸用に栽培される植物の種類の盛衰転変はとくに激しい。

最後にシナノキを日よけにも利用することを書いておこう。高緯度にあるライデンでは、ずいぶんと斜めから陽が射す。おかげで窓からも遠い部屋の奥まで照らしてくれるのだが、真夏の日射しは強過ぎる。窓—とくに西向きの窓に多い—に沿って植えるシナノキはちょうどブラインドの役目を果してくれる。緑葉を通過した光は刺激的な赤や紫の成分が葉に吸収されるため、目にもやさしい。また冬は落葉してしまうので、十分に太陽の光は室内に達する。

ナラ

七月の猛暑が過ぎてからというもの、実によく雨が降る。しかしそれは降ったり止んだりで、多くは午後五時頃には上がるので、九時過ぎの日没までは空気も乾いてさわやかさが戻ってくる。八月に入ると気温も急に下がった感じがする。セイヨウトチノキの果実が日々膨らみを増して、秋の気配を感じるようになった。

街路樹が少ないライデンだが、公共住宅地や大きな会社の周囲に造られた緑地には、数々の樹木が植えられ、それがちょっとした叢林の感を与えている。そうした緑地のいくつかでナラが植えられているのを知った。多くはケルクス・ロブル（*Quercus robur*）、すなわちオウシュウナラである。葉は楕円形あるいは長楕円形で、羽状に中裂し、左右で対にはならない位置に大きめの裂片がある。このナラはイギリスでのナラ林の主要樹種で、かつては地際で一度伐採した後に現れる、萌芽枝を利用した萌芽林が国中で広くみられたらしい。それはちょうど、日本でもかつて各地にみられた、コナラを主体とした雑木林に類するものであり、薪や農地や園地への堆肥作りに利用されてきた点も共通していよう。イギリスでオークoakといえば普通はこの種をいった。日本でのコナラのようにどこにでもあるが、オウシュウナラもコナラも都市の緑地では滅多にみかけないところも共通している。

ヨーロッパで私が歩いた範囲はかぎられてはいるが、オウシュウナラはドイツやフランスにも多い。さらには一度しかいったことはないが、スロベニアやポーランドでもよくみたものである。コナラのように落葉するが、晩秋に葉は褐色に変わるだけで、紅くも黄色くもならないが、濃淡さまざまに褐変した色合いは眺めていて楽しい。また大量の落ち葉を音を立てながら踏んで歩くのも悪くはない冬ならではの愉しみだ。

オウシュウナラにかぎらずヨーロッパにはナラの種が多い。都市周辺や緑地では数々の交雑株をみる。植えたものばかりではなく、自然でも異種間の交雑が起るようだ。日本でもナラの分類は必ずしも容易とはいえないが、ヨーロッパ、とくにドイツでは日本以上に複雑な様相を呈しているといえ、かなりの数の雑種が報告されている。

町の散歩で出会った植物は多くはないが、私の目にはそれぞれが興味深く、奥を探れば、そこに人間とのさまざまなかかわりもみえてくる。

ホテルからは国立植物学博物館ライデン大学分館まで、歩いても二〇分程度なので、往復歩いて通うが、周囲は製薬会社やら何やらの工場ばかりで風景には味気がない。その新開地の道路に沿ってナラが植樹されている。水溜りの周辺にはシダレヤナギが多い。草地には日本でも顔なじみの、いわゆる雑草がかなり生えている。ヒメムカシヨモギが一番多い。頭花が小さく、園芸植物として愛好する人はいないだろうが、私はこの植物が気に入っている。イヌタデもよくみる。オオバコは何種かあり、種の区別がむずかしいが、いわゆるオオバコらしきものもある。デージーも芝生に点在する。日本のニガナと区別できないニガナが生えている。量ではタンポポの類を凌ぐだろう。

前にアカバナのことを書いたが、果実期を迎えたいまも茎の上方に残り花が咲く。無限花序だからまだこの先ずっと咲き続けるのだろうか。高さはすでに一・五メートルを超えている。日本では私はまだみたことがない。ヨモギも多いが、外見はいわゆるカズサキヨモギと瓜二つで、帰化かとも思われる。低木のシンフォリカルポス（*Symphoricarpos*）が植え込みに広く用いられている。この属は北アメリカに一六種があり、一種のみが中国に産する、いわゆる「東アジア－北米隔離分布型」植物のひとつで、代表的な種でもあるセッコウボク（*Symphoricarpos albus*）（白色の果実をもつことから英語でsnowberryと呼ばれる）は、走出枝を出して広がっていく。植栽のナラは先にも書いたオウシュウナラで、これは驚くほど実つきがよい。市街地にみるこのナラの多くは、ケルクス・ペトラエ（*Quercus petraea*）との雑種だといわれている。北アメリカから導入された、大きなずんぐりとしたドングリをつくるアカガシワ（*Quercus rubra*）もよくみかける。この種は紅葉が見事で、市民にも好まれるのだろう。いまは濃い、黒ずんだ紅紫色の葉だが、それが鮮やかな赤紅色に変わるのはいつだろう。私の滞在中のことであろうか。

オウシュウナラ *Quercus robur*.（2006年9月）

二週間位の間にオウシュウナラの「どんぐり」が急に目立つようになってきた。まだ未熟な段階とはいえ、その長さは二センチを超え、ひときわ目立つ。このどんぐりを挽いて粉にしたものはコーヒー様の飲み物になるらしい。もちろん炒ったものをナッツとしても利用できる。私はまだみたことはないが、ブタがこれを食べるそうだ。雑木林が豊かな動物相を維持できるのは本種のような落葉樹が秋に多量の果実をならせるからだろう。落ちたどんぐりを巣穴に運ぶネズミやリスの姿が頭に浮かぶ。

シダレヤナギ

私の仕事場がある国立民族学博物館は、モルスシンゲル運河に沿って建物があるが、道から岸辺まで何の障害物もなくいくことができる。岸に沿って植えてあるのはシダレヤナギだ。ライデンにかぎらずヨーロッパではシダレヤナギが多い。シダレヤナギを片親にした交配種もみられる。

シダレヤナギは植物分類学の父ともいわれるリンネによってサリックス・バビロニカ（*Salix babylonica*）という学名が与えられた。babylonica はバビロンのという意味であり、リンネは聖書の詩篇に登場するコトカケヤナギ（*Populus euphratica*）とシダレヤナギを混同してかく名付けたものといわれている。シダレヤナギはバビロンではなく、おそらくは中国原産のものであっただろう。強壮で乾燥にも耐えられるヤナギは、同じヤナギ科のポプラとともに街路に沿って植樹された。人ばかりか馬など家畜にも日陰は必要だった。

生長も速く幹が比較的まっすぐに伸びるポプラの仲間は、乾燥地での家造りに欠かせなかった。

煉瓦だけでは家屋の屋根はできない。煉瓦を水平に並べるには支えのための骨組みが必要なのである。ポプラは生長が速いだけでなく、材に粘りもありこれに向いている。ヤナギの一種であるシダレヤナギは、ポプラの仲間の木々に較べると用材としては見劣りするものの、これまたさまざまな用途に利用された。なかでも枝は農具や籠（バスケット）の素材、それに燃料に重宝された。乾燥地で難儀するのは薪である。シダレヤナギは水辺に多いが、乾燥にも耐える。ヤナギの仲間には乾燥に強い種が多い。

ライデンでみるシダレヤナギの多くは枝が地面をするほどに長く伸びる。民族学博物館横の土手のそれは水面に枝先が触れ、流れにまかせて戦《そよ》いでいる。ライデンではみないがヨーロッパで植栽されているヤナギの一種にオウシュウシロヤナギ（*Salix alba*）がある。オランダで有名なものに木靴があるが、これはオウシュウシロヤナギの材でつくったものらしい。いまの木靴はほとんどはお土産用だが、わずかながら実際の用途にもつくられてもいる。一度だけだがあれを履いて歩いている人をライデンでみた。木のサンダルと思えば違和感はないな、と思ったものである。オウシュウシロヤナギとシダレヤナギの雑種と考えられているのがサリックス・セプルクラリス（*Salix* × *sepulcralis*）だが、ライデンの旧市内にそれはないようだ。

運河などの水面に最近目立ってコウホネやスイレンが殖えた。このコウホネは学名をヌファー・ルテウム（*Nuphar luteum*）といい、ユーラシアや北アメリカに広く分布し、ときには栽培もされるという。英名ではyellow waterlily（黄花睡蓮の意）というが、花にアルコール臭があり、ブランディー瓶を意味するbrandy-bottleの名で呼ぶこともあるらしい。同じ科のスイレンにも多少似るが、光沢のある長めの楕円形の葉をもち、黄色の多少とも光沢のある花を水面上に開く。

イソマツとハママツナ

先週末はもう長い付き合いになるバース先生の新居に呼ばれて旧交を温めた。そこはライデンの東の郊外で、周囲には広大な保護林が広がり、二階の窓からはライデンはもちろん、遠くロッテルダムからハーグ、ハールレム方面までも望むことができた。四月に引っ越したばかりだという新居は新築の中層アパートだが、各階わずか三戸だけという、スペースのゆったりとした集合住宅である。しかも最上階の彼の部屋には塔屋の部分も含まれており、その前面には大きなベランダがある。およそ一キロメートルのところには病院もあり、ここを選択した理由のひとつはあの病院だった、と半ば冗談交じりでいっていた。考えられなくもないが彼はまだその齢ではない。

市内の運河などの水面に広がるスイレン.（2006年7月）

そこで出されたサラダにイソマツの一種（*Limonium sp.*）の葉を油で軽く炒めたものがあった。海に囲まれたオランダだから、塩生地に適応した植物は種数だけでなく、量も多いことだろう。いまはともかくこうした塩生植物を食用に利用しなかったとは考えられない。同席したベルギー生れの植物学者であるスミス先生もベルギーでも沿岸地方の人たちが食用にするといっていたから、イソマツの一種を食べる習慣は、ヨーロッパの広い地域に及んでいる可能性がある。これはいまではスーパーマーケットでも買えるそうである。例のマバレーの本をみたがこのことは書かれていない。

塩生植物でもうひとつ食用するのがハママツナ（*Suaeda maritima*）である。日本でも一部で食用にすることが知られていて、最近は愛好者も増えている。食べることから離れるが、この植物はガラスの原料としても利用される。塩生植物には普通の植物にはないさまざまな成分が含まれ将来の資源としても注目されよう。

オランダの一般家庭では夏に野菜を食べることはあまりしない。せいぜい食べてもサラダ程度らしく、売っている野菜にもサラダの素材になるものが多い。ロメインレタス、紫キャベツ、赤と黄色のピーマン、キュウリといったところが常連である。今年のライデンで驚いたのはズッキーニに替り、キュウリがどこでも売られていることだった。野菜にも流行り廃りがある。サラダには入れないが、好んで利用されるのがブロッコリーだ。日本のものに較べ味がこってりとしていて、私は好きだ。

タマネギとニンジンも古くからの、かつ重要なサラダ野菜である。いま流行りのニンジンは直径一センチばかりの細長いもので、色は淡く見た目は悪いが味はよい。二〇〇四年に『サラダ野菜の植物史』（新潮社）を書き、そこでも述べたことだが、日本ではタマネギとジャガイモの変化に乏しい。オランダにかぎらずヨーロッパには用途に応じて使い分けができるよう、さまざまな栽培品種が育てられ、売られている。どんな小さなスーパーでも、ジャガイモやタマネギが一種類だけ、ということはまずない。

これから冬にかけて、夏にはなかった冬野菜が市場やスーパーに登場することだろう。今回の滞在は土日も外出することが多く、野菜市場に出かけることが少なく、観察があまりできないでいる。スーパーにはオランダ企業がケニアやペルーで栽培し、輸入した野菜が多数売られている。人件費の問題によるのだろう。切花のほとんどもそうだ。北海にしかいない小さな海老があるが、これはおいしい。しかし、殻を剝く手間がたいへんだろうと知人に話したら、北海で漁獲したものをいったんモロッコに出して、殻剝きして逆輸入するとのことだった。もちろんすべてではないのだろうが、こんな食品加工はすでに日本でも日常化しているのかもしれない。

アメラント島訪問

まだ七月の熱波が多少残る時分に、オランダ北方に連なる島のひとつ、アメラント島の旅行に誘っていただいた。西からフリーラント（Vlieland）、テルスヘリンク（Terschelling）、アメラント（Ameland）、スヒールモニコーフ（Schiermonnikoog）という比較的大きい四つの島とさらにいくつかの小島からなる群島はWaddeneilanden、日本では西フリージア諸島といっている。実はこの四つの島を東にたどると、ドイツの北辺ニーダーザクセン州の沿岸に、東西に配置する島々（東フリージア諸島）があることが判る。これらの島々は一連のものであり、これを総称してフリージア諸島と呼ばれる。さらに北方のデンマークの西海岸に沿って並ぶ島々があり、これもフリージア諸島に含められることがあり、この部分は北フリージア諸島という。その群島、すなわち西フリージア諸島の中心に位置するのがアメラント島である。長さはおよそ二七キロメートル、幅は最大箇所でもわずか八キロメートルに過ぎない。人口は三五〇〇人と聞いた。多くは牧場で羊や牛を飼って暮しているが、暮しぶりは豊かそうにみえる。島へはフリースラント州レーワルデンの北北東に位置するホルウェルトからフェリーを利用して渡る。夏はオランダはもちろん、ドイツやスカンディナヴィアから長期にヴァケーションに来る人たちが多く、普段は静かと思われる島も賑やかだった。

ところで、ヨーロッパの農業の基本は三圃式農業だ。つまり、一年間休耕し、二年目は牧草を育て、家畜を飼育し、三年目に作物を植える、三年を一単位とした耕作システムである。氷河で表土の削られた痩地でも、この方式なら地力の回復が可能だったのだろう。だが、オランダの干拓地では、毎年連続した利用がなされていて、休耕年はとくに定めていないらしい。地味が豊かであったからだろう。とはいえ、耕作を毎年繰り返すためには、相当量の肥料投入が必要だ。私のみた範囲のことであるが、連続して同一作物を栽培をするのではなく、ときには牧草地として家畜の飼育も行っていたことが印象に残る。牧草地としての利用は地力の回復に重要な役割を果していると思われる。ジャガイモやブロッコリー、ニンジンなどの野菜では、地力が味にも影響する。オランダのジャガイモや野菜はとくにおいしい。地味の豊かさによるところも大きいのだろう。

オランダでは牛や羊は広大な農地で育つ。広々とした農地をゆうゆうと、牧草を食べ歩く牛や羊の姿は、オランダ国内を旅行すればどこでも目にする光景である。そうした昔ながらの飼育方法で育った牛は食肉としても安全性が高いといわれている。牛は草を食べ、体内に貯め、それをバクテリアが分解して栄養源とする。つまり、草を分解して殖えたバクテリアが牛の栄養源となっていく

アメラント島
上．宿泊したペンション．
右中．日よけに用いられるフジ．

左中．島で最も多く植えられていたのはアジサイ．
下．大きな屋根をもつ民家．おそらく強い風に見舞われることが多いのだろう．（いずれも2006年8月）

のである。だから牛肉は生でも食べられるのだ。そうして育つ牛は生まれながらに毒草や臭いのきつい草を忌避して食べない。

牧場の面積以上に多数の牛を飼育すると、牧草が食い荒らされるために、牛が食べないキンポウゲ科やサクラソウ科などの毒草や臭いのきついシソ科やキク科の草本が大繁茂することになる。いわゆる過放牧であるが、ネパールなどでは過放牧が普通で、多くの牧草地がこうした毒草などに占有されている。毒草や臭草を多く含むキンポウゲ科やサクラソウ科、リンドウ科、キク科、シソ科などの植物はいずれも目立つ花をもち、過放牧地は、いわゆるお花畑状態になっている。管理のいき届いた飼育を行っているオランダの牧草地は例外的な部分を除いて、お花畑状態からほど遠く、みた目にはつまらない。

最近問題になっている牛海綿状脳症（ＢＳＥ）はオランダにはみられないという。ＢＳＥは人工的に本来の牛が食べない飼料を与えて飼育した牛に起るものである。最初にも書いたように牛は本来的に食べられる草と食べられない草を区別して食んでいるので、こういう普通の牛は人工飼育ができない。人工飼育をしているのは、食草の選択能力を失ったか、もたない牛なのである。このような牛を野外に放つと、どんな草でも食べてしまうためにすぐに中毒を起し、死んでしまうことも多い。昔ながらの健全な畜牛を育てているオランダの牛は安全ではあるが、よく運動しているため、肉は柔らかとはいえない。なのでオランダのステーキは肉が硬く、私には難物だが、煮込み料理には適している。

オランダでは牧畜にみたような昔ながらの方法がいろいろな部分で温存され、活用されているようにみえる。長い年月をかけて形成と蓄積されてきた方法の長所を簡単には捨てない。利便性のみを追求することもない。そこに古臭いようでいて現在の共生思想の理にもかなった生活習慣の本質をみる気がする。このアメラント島での農業とても例外ではない。

島では自転車を借り、サイクリングを楽しんだが、平坦地が多く爽快だった。どこまでも続く牧草地を渡ってくる風は心地よく、ほとんどが自転車専用の道路となっているため、自動車に追われることもない。風の音を聴くのは久しぶりのことだった。

よく晴れたせいか、八月上旬とはいえ夜はスチームが必要な寒さだった。小さなペンションに泊ったが、栓を回すとすぐに熱が伝わってきた。ここでは夏もスチームは必需品なのだろう。日中は暑かったがエアーコンディショナーの方はまだどこにもないにちがいない。緯度はイギリスのマンチェスターとほぼ同じ五三度くらいだが、それにしては暖かなのはメキシコ湾流によるものだろう。東アジアではほぼ樺太の北部に当る。暖流の影響に思いをめぐらせているうちに、心地よさに誘われてすぐ眠ってしまった。

不思議な南北差

おおむね東西に細長い島の南側、すなわち陸に面した側は、どこまでも遠浅の水面が広がり、それは海というよりも大きな湖水の岸に沿う汀の砂泥地ように思われた。海岸は一度だけ段丘状になって、そこから海に向かう傾斜地を降りていくと、まず礫混ざりの比較的目の粗い砂地があり、次第に長さ幅とも一ミリ前後の粒のそろった砂地へと変っていく。そして現在海水に直接洗われる部分は黒灰色をおびた細かいシルトになっている。ところどころに岩が露出していて、そこにはアオサなどの海藻が付着し、長さも幅も六センチほどになるカニがみられた。

一方、北側は沖合い一キロメートル以上のところで急に深くなるらしく、そのあたりに一直線に波頭が立っていた。波頭が立つあたりは魚相が豊富なのか、多くの海鳥が上空を舞っているらしく遠望がきかない私にはその鳴き声が聞こえるだけだった。島を取り囲むこの遠浅の海面は氷河期には陸地化し厚い氷河に被われていた部分でもあるのだろうか。

そもそも国土の二七パーセントが海面下の高さにあるオランダの国土は、主にライン川とムーズ（マース）川の河口に形成されたデルタであり、気候変動にともなう海進と海退、形成された砂丘の切断などによる大きな地形変化を経て今日にいたっている。これは有史以前だけのことではなく、例えば、ローマ帝国時代から中世にかけて存在した大きな湖であるフレヴォ湖は、十二世紀頃に海側に形成された砂丘状の堰堤が寸断されて消滅し、そのときに形成されたのがゾイデル海であり、先の西フリージア諸島だった。つまり島の南側に長く続く遠浅の海は、ローマ時代から中世の大半にかけては消滅したかつての湖の汀だったのであり、私の想像もあながち誤りではなかったようだ。

島で出会った植物

島の北側には広大な塩生湿地が続く。アッケシソウも多かったが、季節のせいか紅色化してはいなかった。ホロムイソウやシバナの生えた湿地も点々とみることができた。段丘面は砂が厚く堆積し、植物が水をえるには相当深くまで根を張る必要があるためだろうか、植物相は単純で、ハマニンニクに似たイネ科の草本やヨシが群生するところが大半だった。また、海岸の一部には小さな砂丘も発達していた。すでに表面の砂は風でほとんど吹き飛ばされてしまっている。砂丘といっても安定したものらしく、事実その陸側にはサンザシ（*Crataegus*）やナナカマド（*Sorbus*）などの仲間の低木が生い茂っていた。

しかし、優占種といえばおそらくサバクグミ（*Hippophae rhamnoides*）である。サバクグミ属（*Hippophae*）は三属しかないグミ科の属のひとつで、表記の種はヨーロッパから中央アジアを経てヒマラヤと中国北部の乾燥地まで分布している。私はネパール中部のマナンやモンゴルでもその大群落に出会っている。英語ではbuckthornとかsallow thornと呼ばれる小低木である。グミに似た金褐色をした小さな果実が多数枝についていた。

グミといえばナツグミに似た低木もみられたが、これはナツグミ（*Elaeagnus multiflora*）そのものかもしれない。グミ属は窒素固定菌を寄生させていて、砂丘のような貧栄養の土地でも育っていける。その点はサバクグミも同じだ。日本や中国産のグミ属の種が、代表的な帰化種になっていて世界中でそれをみる。日本からの訪問者はほとんどいないこの島で、日本から移出した帰化植物に出会い、今日環境問題ともなっている侵入種について改めて考えさせられた。

ハマナス

日当たりのよい傾斜地や緩やかな砂地にはハマナス（*Rosa rugosa*）が生い茂っていた。いまがちょうど花盛りだった。北海道の原生花園の比ではない。いたるところに大群落があり、花付きもよく見事だった。ハマナスも帰化植物である。すでにスカンディナヴィア半島の北部にまで分布は広がっているらしい。ハマナスはまた園芸バラの重要な資源であり、丈夫な性質を活かして道路沿いの植え込みなどに盛んに植えられているのをみる。ヨーロッパ北方での広範囲にわたるハマナスの侵入はこうした栽培を通してのものなのだろうか。

ハマナスの学名は十八世紀末に来日し、最初の日本植物誌を著したツュンベルクが命名したものである。ツュンベルクはリンネの最後の弟子のひとりで、後にはリンネを継いでウプサラ大学の教授、学長になった。師の斡旋と紹介でオランダに行き、そこでアフリカを経由して日本にいくきっかけをつかんだ。出島のオランダ商館医師としてである。当時はまだ出島の商館は東インド会社のものであり、そこでの勤務には商館を経営する人々の力が大きく影響した。この点でナポレオン戦争後の、東インドが植民地化され、植民地経営の一環として植民地省から日本に派遣され来日したシーボルトとは立場が異なる。

ツュンベルクの来日を支援したのは彼が属名を献じた、*Pollia*（ハナミョウガ属）のファン・デァ・ポル、*Deutzia*（ウツギ属）のヨハニス・ドイツ、*Hovenia*（ケンポナシ属）のダヴィット・テン・ホフェンの三人である。日本での調査に備えて、彼はアフリカのケープ地方に滞在し、そこでオランダ語の勉強を兼ねて一年以上滞在し、植物も採集した。妙なオランダ語を話して通司にあやしまれたシーボルトとは何と異なることか。ツュンベルクは用意周到だった。しかし、期待した日本ではほとんど植物を採集する機会がなかった。初めは出島に幽閉も同然で、後にはようやく長崎市内を採薬を名目に出歩く許可をえた。大きな収穫をえたのは江戸参府だった。だから日本の温帯植物を自生地で観察することはほとんどできなかった。

私がいま研究しているアドリアン（一七〇四―一七七九）及びダヴィト（一七二七―一七九九年）のファン・ロイエン親子によるファン＝ロイエン・コレクションには、ツュンベルクが送った標本もかなり含まれている。ウプサラにある標本とは異なり、なかには農夫が出島で飼う家畜の秣《まぐさ》に採ってきた植物からつくられたと思われるような粗末な標本もある。ちなみにこのファン＝ロイエン・コレクション中にはハマナスの標本は一点もない。ハマナスも最初の移入者はシーボルトか。オランダ王立園芸振興協会年報第一・二号（各一八四四・一八四五年）に掲載された『オランダ王立園芸振興協会が日本及び中国から輸入あるいはライダードルプ（ライデンの近郊、いまは市内）で栽培する植物』のリストの中にある、*Rosa lawranceana* Sweetはハマナスであると考えられる。いまではツュンベルクが研究の拠点にしたウプラサにもハマナスは多い。それが日本原産で、命名したのがかつての学長でもあったツュンベルクであることを知っている市民は少ないだろう。

アメラント島ではアジサイが花盛りだった。多くの家の庭にアジサイが植えられ、島中がアジサイに彩られていた。日本だったらさしずめ「アジサイの島」何々とかと名付けて観光宣伝されるにちがいない。滞在はわずか二日だったが島の自然や風景にずいぶんと親しんだ。機会があれば再度訪れてみたい島だ。

ダイクと東インド会社 ―ホラントを訪ねる

今年（二〇〇六年）は七月が気象観測史上で最高の気温を記録するという、驚くべき暑い日々の連続だったが、八月に入ると、オランダは雨模様の天気が続き、何と観測史上最多雨となったのである。しかもまだ中旬だというのに、夏が終ったような印象の木枯らしが吹き、あまりの激変ぶりに、これこそが地球温暖化の兆候かと考えたりもした。ヴァケーションに出かけていた人たちもかなり戻ってきた。

ライデンでは九月に始まる大学の新入生であろうか、両親と下見に来たと思われる学生がホテルに何組か泊まっていた。日本とちがうのは、親よりも本人の方が心配顔だったことだ。オランダは誰でも好きな大学に入れるということだが、途中でどんどん振り落とされていくとも聞く。伝統あるライデン大学では卒業がかなりむずかしいとも聞いた。

ダイクをみる

八月十八日、今回私を受け入れてくれた国立民族学博物館のマチ・フォラー教授夫妻が、大使館の浪江さんと私をノールト・ホラント州とフリースラント州に案内してくれた。何と一日で由緒ある六つもの町を巡るという。距離にして三五〇キロメートルに及ぶ、旅行会社も顔負けの強行軍である。葛飾北斎をはじめとする浮世絵の研究家としても名高いマチは、画家であった尊父の影響か、芸術家肌で、繊細な神経の持ち主でもある。車の運転は彼には向かない。こんな長距離の運転に疲れはしないのだろうかと心配になったが、アムステルダムを過ぎる頃にはそうした心配もすっかり忘れてしまった。

アムステルダムから北にまっすぐ進んで最初に訪れたのはモニッケンダムだった。この町はおとぎの国を想わせるような、小ぢんまりとした可愛らしい佇いをしていた。まだ時間も早いせいか、道を行き交う人々の姿もまばらだし、大半の店が閉まったままだった。目抜き通りに面した家々は外装の変更が禁じられているのだろうか、全体に調和のとれた古風な佇いを残している。通りに面した家々の多くが段々状のファサードをもつが、最上部に明りとりの窓がある。こうした明りとり用の窓の存在は、建物自体が電灯がない時代に建てられたことを示しているが、電気もない時代にあってはさぞや重宝したことだろう。何しろ真夏なら午後一〇時近くまで外は明るい。読書は無理にしても、普通の仕事ならとくに照明する必要もなく日没までやり続けることができただろう。

モニッケンダムでみた様々な意匠.（写真はいずれも2006年8月）

モニッケンダムでみた家々のファサード部分．いずれも明りとりの窓がある．（写真はいずれも2006年8月）

オランダは南東部のリンブルク州を除くと、平坦なばかりで石もない。そのため石に代わる建築の素材として煉瓦が使われている。もし石があればそれは遠方から運んできたものであり、高価だ。そうした素材を使えたのは教会や一部の資産家だけにかぎられていた。

道路も煉瓦を敷き詰めてつくられている。雨水の排水路が家々と歩道との間を走っているが、これもセメントではなく、小さな煉瓦で三方を囲み、上方はむき出しのままになっていた。雨水は適当に地中に吸い込まれていけばよいのだから、底や側面をコンクリートで固めなくとも排水路の役目は果すことができる。

運河の両側がわずかに小高く盛り上がったところがあり、そこに橋が架っていた。橋を挟んで若干広くなっており、その一角にかつての計量所があった。いまはカフェテリアになっているらしかったが、開店前で詳しいことは判らない。

マチは私にオランダ、とくにホラント地方がもともと海だったところを、堤防を築き埋め立ててできた土地であることを実見して欲しいといった。そのため、ダイクと呼ぶ堤防沿いの道路を選んで、次の訪問先のフォレンダムに向かった。ダイクは人力で拵《こしら》えたものであり、延々と続くダイクを目にしたときはこの壮大な人為のさまに驚くばかりだった。ダイクはしなやかで腐敗しにくいシナノキなどの枝で編んだ籠に土を盛り、それを積み上げてつくる。ところによっては海よりも低位の土地もあり、ダイクの決壊は大水害に直結していることが判る。万里の長城とは異なり、ダイク

フォレンダムの新興住宅.（写真はいずれも2006年8月）

には威圧感はないが、その人為の堰堤がホラント地方の広大な土地に暮すすべての人々の生命を支えている。みた目には安定して微塵のもろさも見出せないようなこのダイクも、かつては再三天然の力には抗し切れず決壊の憂き目にも遭ったのである。

フォレンダムはいっそう観光地化していて、ダイク上には土産品を売る店や写真屋なども多数あり賑わっていた。港近くに車を駐車し、ダイク上の繁華な部分を通り過ぎ、さらに歩いた。ダイクの陸側には多数の住宅が教会を中心に並んでいた。相対的にはほぼ同レベルか、陸側の方がいくぶん海面よりも低いように思われた。フォレンダムを訪れてもここまでやってくる観光客は少ないらしい。静かな町の佇いが印象的であった。フォレンダムはアムステルダムにも十分通勤できる距離にあり、実際ここからアムステルダムに通勤している人もいるという。だが、週末を過ごすセカンド・ハウスを設けるのに人気の土地らしく、実際に覗いた不動産屋のガラス戸に張られた売り家の価格は相当高額なものだった。こちらでの標準的な家—日本では大邸宅に属する—は、邦貨にしておおむね六千万円

右．ダイクの海側に敷き詰められた石．
左．ダイク．フォレンダム付近．（写真はいずれも2006年8月）

から一億円ほどである。地方の住宅としてこれはかなり高額といえるとのことだった。

ホールン

フォレンダムの北の町がチーズで有名なエダムである。エダムを素通りして、さらにダイクに沿って北上し、次に訪ねたのはホールンだった。ここはかつての東インド会社のひとつがあった町であり、当時の建物が未だ残っていることで知られている。

国土も狭く資源にも乏しいオランダは、必然の結果ともいえるかのように、古くから海を生計の場にしてきた。漁業はその代表といってよい。すでに十二世紀末にはイングランドのグレート・ヤーマス沖でオランダ船がニシンやタラ、ヒラメ、カレイなどを漁獲していた。十五世紀には魚網の改良、漁船の大形化が進み、北海でのオランダ船の活躍が目立つようになった。教会は金曜日の肉食を慎むよう指令していたので、魚の需要は高かったのである。

オランダではニシン漁がとくに発達した。その理由は長期の保存

ホールンでみた建物.（写真はいずれも2006年8月）

にも耐える塩漬け法の発明にある。製造に当ってはニシンを空気から遮断し、腐りやすい内臓と鰓や頭を切除してから樽に詰める技術を開発した。いまでも秋になると町々の広場で、顔を上に向け、ニシンのしっぽを手でもち、頭側から口に入れて食べる光景を目にするが、基本的にはこれと変らぬニシンの製法が十五世紀には確立していたという。いまでも多くの人が季節に一度は口にするニシンであり、食や味覚の多様性に乏しかった二十世紀以前にあっては大いに好評を博したにちがいない。

ニシン漁は六月二十四日の聖ヨハネの祝日に始まるという。オランダの漁船団はスコットランド北東のシェトランド島プレッセイ・サウンドに集結し、軍隊に護られて南下した。聖ヤコブの祝日である七月二十五日にはスコットランドのブカン・ネオ沖、聖体奉挙の祝日である九月十四日にはイングランドのノーサンバーランド沿岸、十二月上旬にはテムズ川河口付近まで南下し、帰路に着く。漁獲されたニシンは塩漬けにされた後、南欧などヨーロッパ各地に送られ、その南欧からの帰り船は塩蔵に不可欠な塩を運んできた。

ニシンの輸出を行っていたオランダ人はやがて南欧で東インドから入手する胡椒などの香辛料やその他の特産物にも目をつけ、帰り船でこれらの商品を運んでくるようになった。そうした東インドからの産物は次第に彼らが取り扱う主要商品へと成長したのである。東インドからもたらされる商品には香辛料、媚薬、強壮剤など、ヨーロッパではえられない魅力ある商品が多々あったが、人気の中心は胡椒だった。胡椒はローマ時代から地中海貿易を通じてヨーロッパにもたらされていた香辛料で、人気も高かった。当時主流だった肉は塩漬けもので、それには一種の臭気があったといわれ、胡椒はそれを消すのにとくに効果があった。一六三六年には二〇〇トン級の船が一〇五〇隻、ヨーロッパの南北間の交易に就航し、船ごとに年に二・五回から四回は往復したといわれている。

だが中継貿易に甘んじているオランダ人ではない。自ら東インドに出向き、商品を仕入れ、ヨーロッパに運ぶことを考えたのは当然でもある。十五世紀から十六世紀にかけて、その見返りに支払う商品は毛織物や亜麻布が使われた。とくに十六世紀後半は、フランドル地方からの難民を受け入れ、高級な毛織物であるサージやフランネルの生産が可能となったライデンの役割は大きかった。一方、新大陸との貿易に従事していたスペインでは、熱帯の東インドよりも毛織物の需要は高く、スペインを経由してメキシコからの銀がオランダに大量にもたらされるようになった。東インドとの貿易では、銀を対価として支払う方が有利だったらしい。

船は一度に大量の貨物を運送できる利点もあるが、危険も大きかった。ほとんど風が頼りの時代の航海である。目的地に到着するまでには水や薪、新鮮な食料の補給などのために何度も寄港が必要であり、そのための適地を確保しておくことが欠かせない。制海権とは、こうした寄港地をどれだけ数多く効果的に保有しているか、ということでもある。十六世紀まで東インドにおける制海権はポルトガルによって握られていたのである。

艤装された四隻の船からなるオランダ船団が北部のテッセンから一五九五年四月二日に出港した。船団は喜望峰を廻り、一四カ月後の一五九六年六月二十三日に、インドネシアのジャワ島西部の町、バンダムに到着した。当時のバンダムは国際性をおびた交易都市であり、そこでは中国人、アラビア人、トルコ人、アビシニア人、ポルトガル人などによって多種多量の商品が扱われていた。当初二四〇人だった乗組員が帰国時にはたった八七人しか残らなかったことなどからも判るように、この航海は多難をきわめ純益そのものは大きなものではなかったといわれている。しかし、自力で東インドに航海しえた意義とその影響は大きく、かつ広範囲に及んだ。まず、この成功を受けてオランダ各地に東インドとの交易を目的とした組織が誕生した。これは後の東インド会社の先駆けとなった。やがて乱立した先駆会社が合併解散を経て生まれたのが、オランダ東インド会社（VOC）である。それは議会の承認を経た一六〇二年のことである。この会社は、カーメルと呼ぶ地方単位の部分企業から構成されていた。それがあったのは、アムステルダム、ゼーラント（ミッテルブルフ）、ロッテルダム、デルフト、ホールン、エンクハイゼンの六都市だった。

タラと釣針

広場に面して建つホールンの東インド会社の建物は、ファサードの部分が青や赤などの極彩色で、それに多量の金を用いた紋章などの装飾物で飾られ、絢爛豪華だった。ファサード下段に嵌め込ま

「デルフト風景」1660年頃
ヤン・フェルメール　Johannes Vermeer, 1632-1675
ハーグ、マウリッツハイス美術館蔵

旧東インド会社の建物.
(2006年8月)

れた大きな楯型紋章は、上下に配された二頭の獅子が横に向いて右前脚を上げている、パッサント(passant)スタイルのものだが、黄金の獅子が力強くもあり、ユーモラスでもあり、興味をそそられた。いまはウエスト・フリース博物館となっているその建物は、ホールン市の誇りでもあるのだろう。また屋根の切妻壁の頂点には四人の天使に護られ、純青の地に金文字でVOCホールン(H)を刻印した楯型の紋章が鎮座している。Vの文字は、楯の真ん中から下方を占めるが、その文字の左腕の真ん中にO、同じく右側にCの文字を重ね、さらにVの文字に載るように上部にほぼ同じサイズでHの文字が描かれている。Vの左右の腕にOとCの文字を重ねたVOCの紋章はデルフトにもあり、当時このようなデザインが流行していたのだろう。

古色蒼然とした計量所は、広場を挟んで建つ、東インド会社の建物とは著しい対照をなしていた。その計量所は天井から巨大な竿秤が吊り下がり、何とも壮観だった。いまこの建物はカフェとなっていて、誰でもそれを見学できるのだが、わざわざみようとする人は皆無らしく、店の人でさえそれが秤であることを知らないといいだすありさまだった。この計量所の建物の中央正面に嵌め込まれた紋章は一角竜をデザインしたもので、その広がった胴体部分の内側に、角笛にみえる楽器が配され、その胴体の下方にはヒトの身体にも似た脚部があり、一角竜が半獣半身として理解されたことが判る。

町中の案内標識の柱頭を飾る兜状の飾りは先の一角竜であり、町の名であるホールン（Hoorn）が

上．ホールンの計量所
下．天井から吊り下がる秤（2006年8月）

実際に〝角〟（オランダ語のhoornは角の意味で、英語のhornに当る）と関係していることを暗示している。そればかりではない。町の紋章や標識その他に使用されている意匠は実に多彩であり、かつ色どりも豊かで、一日みていても飽きないほどだ。俗にいう大の大人が子供顔負けの紋章を生み出し、それで家々を飾り、町の誇りとしていることに思い巡らしていると、例のハイシンハ（ホイジンガ）が遊びこそが文化の発展にとって重要な要素だといったことが思い出される。

広場を離れて港の方に歩いていった。小さな水門を通って入ってくる港は、十分に風から船舶を護ることができる良港としてのかたちを整えている。この水門から内側がかつての港であったのだろう。古埠頭を意味するOude Doelenkadeの名が地図にある。そこには大形船の数こそ少ないが、個人所有のヨットが多数係留されていた。港を取り囲むようにして、さまざまな商店やカフェが建ち並ぶ。そのひとつに船に関係した、セーターなどの衣類、かつてのランプや気圧計などの実物、それをモデルとしたお土産品を売っている店があった。簡単な原理で気圧の変化を知り、それをもとに好天、悪天への変化を予測しえた気圧計は、

ホールンのホーフト塔.（2006年8月）

ホールンでみた様々な意匠.
(写真はいずれも2006年8月)

原理的にもデザインとしても興味深く思えた。揺れても倒れない蠟燭立ても船ならではのものだろう。

水門の近くに建つホーフト塔（Hoofdtoren）は、四角形の建物の上部に三角形の屋根を載せ、さらにその上部に時計塔を積み上げたようないかにも古い建物だった。ＶＯＣが立ち上がった一六〇二年にはすでに存在していたというから、この港を出入りする船舶を日夜監視していたことだろう。この塔では普通は時計の下方にある鐘楼の窓が時計よりも上方にあるのが不思議だ。しかもその上部にも小さな鐘楼に似た空間が配されている。もしかしたらこれらは単なる鐘楼ではなく、海賊船などに対峙するための役割を担っていた狭壁付きの望楼だったのかもしれない。時計から上方の部分だけが他に比べて新しく、後代のものであるのは明らかだ。建物の海に面した側の壁に六つの旗に囲まれた大きな真っ赤な一角竜の紋章があった。紋章の下には説明をオランダ語で記した二つのプレートが嵌め込まれていたが、私には読めない。

港がみえる眺めのよいカフェのテラスに座って、昼食を食べながらゆったりとしたひとときを送った。そのときふと思い出したのは、旅行の直前に読んだ歴史書にあった鱈と釣針のことだった。それはパリの和平（一三二三年）に関係した鱈派と釣針派の争いのことである。パリの和平で、ときのウィレム三世（在位一三〇四―一三三七年）は、ホラントだけでなく、エノーとゼーラントの両伯爵領を手にして、一三四五年に後継者のウィレム四世にこれを引き継いだ。しかし、ウィレム四世は後継者がないまま一三四五年に亡くなった。そこで三つの伯爵領は、ウィレム三世の娘で、バイエルン公家（ヴィッテルスバッハ家）出身の皇帝ルートヴィヒ四世に嫁いだ、マルハレータ（在位一三四五—一三五四年）の手に移った。だが、それは平穏にはいかなかった。その間、マルハレータを支持する貴族を中心とした釣針派（フッケン）と、市民を中心としてその子ウィレムの擁立をねらう鱈派（カベルヤウエン）の対立に翻弄され、ついにマルハレータは一三五四年にホラントとゼーラントの両伯爵領を子のウィレム（後のウィレム五世、在位一三五四—一三五八年）に譲ることを余儀なくされた。その結果ホラントとゼーラントのバイエルン公家による支配が確立することになったのだ。ホラントもゼーラントもフリースラントも決して大きな州ではない。車で走れば半日で十分に端から端まで行けるほどであるのに、そのたどってきた歴史は地域ごとに大きく異なる。日本には歴史愛好家が多いが、オランダではどうなのだろう。一日に三五〇キロメートルもの距離を走る強行軍であることを忘れさせてくれるひとときでもあった。

フリースラントへ

さらに北上してエンクハイゼンの町を見学した。ホールンよりは規模も大きなこの町は、ちょうど船舶に関係した祭りがあるらしく賑やかだった。一五七〇年に建ったといわれているドロメダリス塔を訪ね、その偉容を実見した。ここにも東インド会社に関係する建物が残っているとのことだったが、先を急ぐことにした。まだ道のりは全体の半分にも達していない。本当にレーワルデンまで行きつくのか、心配だった。

大堤防を渡る

さらに北上を続け、アイセル湖を横断する大堤防を通ってフリースラントを目指した。この大堤防は、一九二七年から三二年にかけて建設されたもので、その事業構想の壮大さと緻密さには感動さえ覚えた。大堤防の途中にあるモニュメントには、この大堤防の計画や建設のあらましがいく枚

エンクハイゼン
右. ドロメダリスの塔.
左. 古い建物に見る意匠. （写真はいずれも2006年8月）

ものパネルを使って説明されている。それによれば、一九一六年に大規模な水害がゾイデル海沿岸を襲い、農業地帯が壊滅的被害に遭い、国全体が食料危機に直面した。いまはアイセル湖と呼ぶ湖はかつては北海が深く湾入してできたゾイデル海と呼ぶ海であり北海に通じていた。しかし、ゾイデル海は海といってもほぼ全域が遠浅で、大型船の航行には不向きであったため、政府は外洋航海のルートとしては見切りをつけ、十九世紀には北海運河を建造し、ゾイデル海沿岸に干拓地（ボルダー）を造成する計画を立て、一部で実行されていった。だが、度重なる水害のため、ボルダーの造成工事は遅々として進まなかった。

これを解決する最良の策として、ゾイデル海を北海から完全に切り離し、湖水化することが古くから考えられてきた。しかし十九世紀にあってはそれは技術的に困難であったばかりでなく、資金的にも非現実的な計画だったという。だが、一九一六年に起きた国家的ともいえる大災害が、この大堤防建設を国に決意させた。技術面の問題はコルネリウス・レスリー博士を中心に検討が重ねられ、幅およそ九〇メートルの堤防を長さ三〇キロメートルにわたって築くことが決定された。

フリースラントに向かって大堤防を進むと左手が北海に通じるバデン海、右側がアイセル湖であり、水位のレベルも水の色も左右で大きく異なることが判る。まさにこれは神の業ではなく、人間業であり、六年という多年月を着々と完成に向け貫徹させていった力量に感動すら覚える。

フリースラント

フリースラントは、そこに住む人たちがホラント地方の人々とは幾分異なるようにみえる。タキトゥスの『ゲルマニア』によれば、バタウィーとは別のフリィースィーの末裔であるからだろうか。その州都、レーワルデンでの第一印象は耳からのものだった。ライデンで耳にするオランダ語とは相当ちがう言葉、アクセントにまず耳を疑った。似たような印象はフロニンヘンを訪ねたときにも受けたことがあった。だがこれがこの地域独自のフリース語だったのかは私には判らない。田辺雅文（田辺、二〇〇〇）によると、フリースラント州に住む六一万人のうち、九〇パーセント以上がフリース語

大堤防.（2006年8月）

を解し、四分の三が話し、六五パーセントが読み、一七パーセントが書けるという。また、地元のラジオ、テレビ局はフリース語の番組を流し、小中学校では週に数時間のフリース語の授業を設けているとのことだ。さらに州政府もこの言葉を使っていると書いている。このフリース語はオランダ語よりも、アングロ-サクソン語や低地ドイツ語に近い言語であるとみられている。ちなみにオランダ語でLeeuwardenと書くレーワルデンの、フリース語での綴りはLjouwertだそうだ。

九二五年以降、フリースラントは皇帝権のみに直属し、低地地方の大半を所領とするホラント伯爵や東部のフロニンヘンとドレンテ地方を占有するユトレヒト司教の、フリースラント支配の野望にも頑固に抵抗し続けてきた経緯がある。フリースラントの独歩性は以降も続いた。カール五世がブルゴーニュ公領を継続した当初、ユトレヒト司教領、オーフェルアイセル、フロニンヘン、ドレンテ、それにフリースラントはヘルレ公カーレルの支援を受けてヘルレ公国を形成し、当初はカール五世の支配領域の範囲外にあった。こうした歴史的経緯が、フリースラントの人々の独立心と文化的独自性の形成に少なからず寄与したことは疑う余地はない。一五三一年以降カール五世はブリュッセルに各種の諮問機関をおき、低地地方の一体化を目指すと同時に、彼の支配に抵抗を続けていたヘルレ公国諸州の解体を進めた。このときフリースラントは真っ先にカール五世によって打破された経緯をもつ。一五二四年のことである。こうして一五四三年には最終的にはヘルレ公国は解体され、低地地方に併合されていき、低地地方一七州全体がブルゴーニュ家の支配に帰す統合が完成した。

統合後のフリースラントでは、ナッサウ家（Nassau）のヤン・デ・アウデ（一五三五―一六〇六年）の子、ウィレム・ローデヴァイク（一五八四―一六二〇年）を祖とするナッサウ＝ディーツ（Nassau-Dietz）家が州総督を長期にわたって務めてきた。この家系は後に、旧来のオラニエ家の血統が英国国王でもあったウィレム三世で絶えた後を、この家系から出たウィレム四世が継ぐことで、現在のオランダ王家でもあるナッサウ＝オラニエ（Nassau-Oranje）家を形成していく。フリースラントの人々は、今日のオランダ王室が、元はといえばフリースラントに本拠をもつナッサウ＝ディーツ家に通じるものだという自負の心を抱いている、といわれている。

歴史がどれほど現在の人々の気質に影響を残すものなのか。また、独立性はそんな大昔の帰属意識などによるのではなく、十七世紀以降にもしばしば対立の様相をみせる、州間の思惑や意見の対立のしこりなどが、未だ尾を引いているといえなくはないのか。日本での関東と関西の相違もその原因を求めるとなるとそう簡単に求められるものではない。だが、個々人の相違を超えて、地方的な差異は厳然とはいわないまでも、何がしか存在するように思われてならない。ただしこれは彼らに接して感じた単なる印象に過ぎない。

薄暮を歩く

フリースラントではまずハーリンヘン（Harlingen）という港町に立ち寄った。文字通り「鰊《ニシン》」（haring）の町である。だが、町全体が戦災にでも遭ったためか古い建物は見当らず、レーワルデンを目指すことにして先を急いだ。

レーワルデン駅の北を東西に通じるゾイダー・シュタット運河とさらに北のニューウェスタト運河の中央にあるウィルヘルミナ広場の地下駐車場に車を止め、旧市街を歩くことにした。旧市街はゾイダー・シュタット運河とその北を流れるノルダー・シュタット運河、さらに東西を西のウェスター・シュタット、東をオウスト・シュタットの両運河に囲まれる、おおむね四角形をした一角で、その内にオルデホーフェ教会、聖ヤコブ教会、メノ派教会、ルター派教会など、レーワルデン市内の主要な教会がすべて建つ。西の端ともいえる位置にあるのが、オルデホーフェ教会で、そこにあるオルデホーフェ塔は名高いピサの斜塔のようにやや傾いた状態にあるが、塔自体は壮観だ。そもそもは十三世紀にドミニコ会の僧院として建てられたという、聖ヤコブ教会も壮大でもあり、その後の大改築のせいかゴシックともバロックともいいがたい様式が興味を引く。現在はナッサウ＝ディーツ家の埋葬所になっているという。ナッサウ家の埋葬所といえば、後にオラニエ家との姻戚関係を結んで後の埋葬所になっているのはデルフトの新教会である。そこにはナッサウ＝オラニエの始祖であり、一五八四年にこの地で暗殺されたウィレム一世王子以来、二〇〇四年三月に逝去され

レーワルデン
右．レジデンス前に建つウィレム・ローデヴァイク像．
左．市庁舎．（写真はいずれも2006年8月）

たユリアナ女王やその夫君、ベルンハルト・フォン・リッペ＝ビーステターフェルドにいたる四六体が埋葬されている。聖ヤコブ教会に埋葬されているのは、このナッサウ＝オラニエ家の祖先に当るナッサウ＝ディーツ家の人たちである。

街路に建ち並ぶ家々にはレーワルデンに固有のスタイルは見出せない。他の市街地同様に屋根には天窓や屋根窓をもつ家が多い。ファサードのつくりも他の都市同様に多様で、決して一様ではない。この多様性は経済活動と関係していよう。都市を巡り、街路に並ぶ家々を眺めているうちに、形式が出身地や組織ごとに別になっていることは、ビジネスや宿泊その他、万事好都合だったのだと考えるようになった。

市庁舎とその前面に広がるホフ広場は小ぢんまりとしている。市庁舎は赤煉瓦の建物で、中央に時計塔を置き、長軸方向の中央にはペディメントがしつらえてあった。そこにはおそらく戦さの様子が描かれているのだろう。薄暮も暗さを増したなかではそれを解読できず残念だった。レーワルデン(Leeuwarden)の名は獅子を意味するleeuweに関係がある。紋章も当然獅子だ。青地に上下にパッサント・スタイルの獅子が描かれた楯を、左右から二頭の獅子が王冠とともに支えている。魅力的な紋章だ。

広場の北側に位置する、いまはホテルとして使用される建物がかつての宮殿(レジデンス)である。横長で均整のとれたその建物は人目を引く。しかも煉瓦ではなく、石造りである。その白味の強い石はドイツあるいはオランダ南東部のマーストヒリト周辺から運ばれてきたのだろう。屋根には屋根窓が多く、おそらく屋根裏も諸般の用途に利用されてきたのだろう。レーワルデンは、教会、市庁舎、広場のいわゆる三点セットが町の中心部を形成する自由都市的な町ではないことが、建物の配置やつくりから理解される。レジデンスの建物をみて思ったのは、それがオランダのものではなく、かぎりなくバイエルン的、あるいは司教座的なものであることだ。そのかつての宮殿前に建つブロンズの立像は、ナッサウ=ディーツ家の始祖ウィレム・ローデヴァイクである。

家々の入り口に掲げられた紋章、軒先の照明や看板の意匠は眺めていて楽しい。実に多様なのだ。主要道から外れた脇道に面してフリースラント・アカデミーの建物が並んでいた。その表札に刻まれたFryske Akademyは、フリースラント・アカデミーを意味するフリース語での表記であろう。い

レーワルデンでみた様々な意匠.（写真はいずれも2006年8月）

まのフリースラントには大学がなく、それに代わる機関として存続しているのがこのフリースラント・アカデミーだということだった。フリース語の研究や普及などに貢献しているのだろう。その二階建ての瀟洒な建物には長い影を引いた落日が当り、明暗をつくっていた。日本の夏にはない長い影である。

フリースラント自然史博物館やフリースラント博物館の建物などを眺めながら、再び市庁舎の方向に戻り、「さまよえるオランダ人」という、いわくありげな名のレストランに入り、メニューに一点だけあったフリースラントの郷土料理を食べた。ワイン・グラスを傾けながら思い出していたのは、時間がなくゆかりの建物には立ち寄れなかった、レーワルデン出身の人物、マタハリとエッセルのことだった。だまし絵で有名なエッセル（エッシャー）はここの生まれだが、その父は明治時代、工部省の技師として日本に呼ばれた、「お雇い外国人」のひとりだった。彼は一八七三（明治六）年から五年間、淀川下流の河川改修と大阪港の浚渫、信濃川の改修、九頭竜川（富山県）河口の三国港の突堤建設などに携わり、以降の日本の土木建設に多大な足跡を残したことで知られている。帰国後レーワルデンに住み、五人の子供を授かったが、画家となったのは一番末の子だった。談笑に時間は足早やに過ぎていく。そこを出たのは午後一〇時だったが、ライデンに一一時四〇分に帰り着いた。一三時間に及ぶ駆け足旅行とはいえ、天候にも恵まれた楽しい一日だった。

ワーヘニンヘンからナイメーヘン

八月二十八日にライデンから電車でユトレヒトを経由してワーヘニンヘンに出かけた。この町を訪ねるのはこれで四度目になる。目的は彼地に所在する農業大学を訪問、とくに付属の植物園を見学することだった。ドイツ国境にも近いワーヘニンヘンは、第二次世界大戦では大きな被害を受けた。建物も多くは破壊されたり、接収の憂き目に遭った。現在、ベルモンテ植物園になっている敷地の大部分は、かつてフランスの貴族の屋敷があったところで、戦争中はドイツ軍に接収され指令本部になっていたそうだ。

一八〇〇年前後にフランス・ゴダール・バーロン・ファン・リーデン・ファン・ヘンメンという貴族がワーヘニンヘンの丘の頂上部分の土地を購入し大邸宅を構えた。さらに隣接する農園もいくつかその大邸宅の敷地に組み入れたため、広大な面積をもつにいたった。この大邸宅が後にベルモンテ植物園となるものだった。このヴァン・ヘンメンの女婿である、コンスタント・ルベック・ド

右．建設当初の王立園芸学校の建物．
左．同校に付設された植物園．

ゥ・ヴィラール男爵ティエリー・ジュストは、一八四三年にその敷地内の最も高い位置に、イタリア風の建物を建て、館としてそこに居住したのだ。ベルモンテ植物園の歴史は実際にはここから始まるといってよい。

　ベルモンテ（Belmonte）の名は美しい山（bel＋monte）に因むが、この建物からはベルモンテの敷地全体がよく眺望できたといわれる。一九三六年にこの建物は敷地とともに人手に渡り、不幸なことに建物の大半は第二次世界大戦中、ドイツ軍の進駐時に破壊されてしまったという。オランダ政府は、一九五一年にその敷地の一部、一七ヘクタールを購入してワーヘニンヘン農業大学の植物園に組み入れた。大学にはすでに一八九六年に設立された植物園があったものの、敷地はわずか四ヘクタールしかなく、あまりにも小規模すぎて植物園の機能を果すことはむずかしかったためである。この小さな植物園は、むしろ同じ年にできた園芸教育のための学校に付随した庭園といった方がよく、特定の樹種や草本を多量に植栽し、実験や観察を続けることなどは不可能だった

旧王立園芸学校の建物と意匠.
（写真はいずれも2006年8月）

といってよい。また、その園芸学校の建物は、時計塔をもつ建物建築で有名な、ファン・ロックホルストが設計したもので、均整のとれた、装飾性にもすぐれた印象深いものであった。

建物はやがて植物病理学の研究所に変り、さらに植物分類学の研究所となって、Herbarium Vadenseの名で知られる植物標本館となった。やがて標本館は一九八四年に新しく建った建物に移り、現在は図書室や大学に属する種々の研究室などに使用されている。この標本館は、イギリスのキューやブリュッセルの植物園や研究所と並ぶ、アフリカ植物相の研究センターとしての役割を果していて、多数の関連書籍も出版するたいへん活発な研究機関でもある。

ワーヘニンヘンで思い出すのは、一九九三年に四八歳の若さで突然亡くなったワイナンドのことである。彼は私よりも二年後の一九四五年に生まれ、アムステルダムの大学を卒業し、長らく同市の植物園に勤務した後、一九七七年にワーヘニンヘンの植物園長に迎えられた。ツユクサ属の研究で学位論文を提出したのは亡

国立植物学博物館ワーヘニンヘン農業大学分館（1）
右．正面玄関．　左．標本室の内部．（写真はいずれも2006年8月）

くなる一〇年前の一九八三年だった。彼は植物学や分類学の歴史にも興味をもち、日本最初の植物誌を著したツュンベルクの研究もやっている。私の興味と最も近いところで研究をしていたワイナンドの死は私にとって悲しみを超えたものだった。

園内には古い樹木はあまりみられず、主体になっているのは一九五〇年代に植樹されたと思われるものだった。ちょうどバラ科の木本を中心に植栽がなされている一角をみてまわったが、日本や中国原産の樹種も数多く、そのコレクションの充実ぶりには驚いた。

町の中心からもそう離れていない場所に「五月五日広場」と名付けられた小さな広場がある。その広場に面した建物で、敗戦したドイツの駐留将校が撤退を巡る文書にサインをしたという。いまはホテル兼レストランとなっているこの建物に、その時の歴史的瞬間を撮った写真が掲げられている。事実を大切にすることはよいことだと思う。オランダとドイツの関係は韓国と日本との関係に似たところがある。ドイツはオランダが多くを学んだ国では

国立植物学博物館ワーヘニンヘン農業大学分館（2）
ハマナスの標本.（写真2006年8月）

あるが、戦争時の犠牲も含め屈辱感も大きい。ドイツはそれを感じていて心の琴線にはできるだけ触れないようにしていると思う。戦争謝罪はもちろんだが、その事実はきちんととらえようとしている。ワーヘニンヘンは小さな町とはいえオランダでただひとつの農業大学があるばかりか、かなり優秀な音楽学校もある。また、パンの学校もあるそうだ。その関係でこれまで町にはパン屋がたくさんあったのだそうだが、いまは数軒に減ったということだ。スーパーマーケットの登場のためらしい。この五月五日広場のレストランでもそう思ったが、昼食をとった大学内のレストランのパンも美味しかった。ライデンはパンが不味いのが欠点である。

ワーヘニンヘンはライン川を北に越えた位置にあるが、ここにもローマ人は足跡を印している。ラテン名はVadusという。その北方を厚く被った氷河の末端が町を超えライン川まで達し、このあたりにモレーンを形成した。砂質分の多い土壌からなるその土地は、水はけがよく果樹や植木の栽培に適している。地図をみると、ライン川に沿って果樹園（苗木畑も含まれる）のマークが多

ワーヘニンヘンの町中
右上．街角でみた瀟洒な建物．
左上．第二次世界大戦でのドイツ軍撤退日を示す記念碑．
下．5月5日広場の一角．
（写真はいずれも2006年8月）

数あるのは、そうした土質と関係していよう。実際にドライブしてみると果樹園や園芸樹木の苗圃が連綿と続くが、林地園芸を取り入れたと思われる広大な屋敷も点在する。砂質土壌が樹木の生長によいからで、ここに住み、ハーグやアムステルダムなど、ホラント地方まで通勤している庭園愛好家や裕福な人もかなりいるらしい。

台地から川に沿う斜面を下ると、そこにはライン川がもたらした泥土の土地が広がる。水はけも悪く、果樹の栽培にはまったく向かない。そこでは主に牧草栽培を取り入れた三圃式農業が営まれている。ちなみに砂質の台地ではこれまでライムギの栽培もされてきたそうであるが、いまはみられないという。ライムギの減産は嗜好の変化やパン焼き技術の発達とも関係があるだろう。そのライムギに代わって、ここでの主要な栽培植物となったのが例のエンシレージ用のトウモロコシである。

オランダでは、南東部のマーストリヒト周辺以外ではブドウの栽培は行われていないと聞いていた。ワインもそこだけで造られ、評価もいまひとつと聞いた。ところが、この台地でも若干だがブドウが栽培されていて、何とワイン醸造所もあった。しかし、ここのワインは年による出来不出来の差が大きく、よくできた年のワインはなかなかのものらしい。まだ新酒販売日はかなり先のことであり、ここのワインを手にすることはできなかったが、いつかは試してみたいものである。グラッパも製造しているらしい。いまどき、そんな出来不出来が分かれるワインの存在そのものがおもしろい。もしかしたら旧来の方法で醸造している可能性も考えられ、興味を引かれた。

ベルモンテ植物園

植物園内のもっとも若い植樹は日本のサクラの栽培品種のコレクションである。これは京都造形大学でも教鞭をとるウィベ・カウテルトさんの収集したものだ。多くはいわゆるサトザクラにまとめられる栽培品種だが、なかでもヤマザクラ系、オオシマザクラ系の二系に属するものが多かった。他の系のものはさほどではないが、京都を中心に収集したそうである。彼はアメリカ合衆国のティンバー・プレスから一九九九年にサクラの本、『*Japanese flowering cherries*』(「日本のサクラ」)を出版しているサクラの研究家でもあり、今日は実物をみながら彼からサクラの話を聞くのを楽しみにしてきた。

ここでおもしろかったのは、ヤマザクラ系の栽培品種ではほとんどの場合、葉が狭長楕円形や狭楕円形となることだ。こんな葉形をもつヤマザクラは日本では滅多にみたことはなく、最初は驚いたが、どうもオランダでのように、長期間落葉せずに生長を続けると、縦軸方向への生長が進み、このようなかたちになるのではないかと思われた。それにしてもエノシマキブシやナンバンキブシの葉のような細長い葉のヤマザクラである。まったく妙なものだ。また、栽培品種の一部では驚くほどに葉が肥厚している。これも日本ではお目にかかれない変化といってよい。

サクラの栽培品種の分類では、そうした栽培条件下で起る変化をよく見極めないと、とんだ誤謬を犯しかねない。葉形のためか、それともぶ厚さのためか、最初は多くのサクラが、それぞれの株につけられたラベルに表記された栽培品種に属するとはとても理解できなかった。とてもよい勉強になった植物園訪問である。

大学の周辺にはナラを主体とした落葉広葉樹林が結構多い。多くは一度株際で伐採し、出芽するひこばえのうち四、五本を残して仕立てた萌芽林で、広範囲に広がっている。かつてはそうして仕立てたひこばえ由来の幹を適宜伐り出して盛んに暖房や燃料などに使ったようだ。日本でもそうだが広葉樹林業では樹木の育て方に大きくみて二つの方式があり、英語ではそれらをスタンダード（standards）とコピス（coppice）という。前者は伐採せず一本立ちの幹のまま育てる方式であり、後者が萌芽枝を育てる方式である。雑木林の多くは後者であるが、雑木林という言葉そのものを後者に当ててもよいかどうか私にはまだ判らない。必ずしもこの二つの造林法の区別に対応した名前ではないかもしれない。書き忘れるところだったが、ここのナラはこれまでにも触れてきたオウシュウナラ、すなわちケルクス・ロブルである。

林地園芸

話は変わるが、いまでもヨーロッパで重要な園芸のひとつに林地園芸がある。これは森林形式の造園で、多くは多数の針葉樹や落葉広葉樹を森林のように植え、樹下にさまざまな草本を植え込む庭園といえる。もともと園芸は裕福層から広まった歴史をもつため、広大な敷地を利用しての植え込みに苦労した。フランス式の造形庭園も流行ったが、後に林地園芸がブームになり、広まったのだ。林地園芸の隆盛とともに、樹木の研究も盛んになり樹木学が発展した。樹木学は林業樹木の研究というよりは、林地園芸に適した樹種の研究が中心にあったことは日本ではあまり知られていない。いまでもヨーロッパに残る樹木学会は林業樹木の研究とは異なる造園樹木や樹木の分類、育種などを主たる研究対象としたもので、その会員やスポンサーには広大な敷地をもつ裕福層の人々が多い。東アジアの樹木の分類学研究で功績を残したアメリカ合衆国のサージェントやオーストリアのシュナイダー、サクラを研究したケーネなど、十九世紀後半から二十世紀前半に多数の樹木学者が輩出したのも、林地園芸の隆盛と無関係ではない。イギリスやアメリカ合衆国などでは、林地園芸を対象として雑誌も登場した。

イギリスの種苗会社「ビーズ商会」のブリーが、フォレストやキングドン・ウォードを中国奥地に派遣したのも主に林地園芸向きの樹木や、樹下で育つ草本を探索・導入するためだった。青いケシ、メコノプシス（*Meconopsis*）は林地園芸に好まれた草本のひとつでもあった。二〇〇六年に私は青いケシ、メコノプシスの解説書を書いたが（山と渓谷社刊）、この属の最初のモノグラフであるテイラーの*An account of the genus Meconopsis*（メコノプシス属解説）を出版したのは、そうした雑誌を出版していたNew Flora and Silva社（ロンドン）だった。

多様な野生植物を導入することに熱心だったのは花卉園芸ではなく林地園芸であったことは存外

知られていない。私も終身会員になっているイギリスに本部をおく国際樹木学会は典型的な林地園芸愛好者のサークルである。International Dendrology Society を樹木学会と翻訳することがそもそも間違っているともいえるが、林地園芸の愛好者が毎年各地をツアーして巡り、また会員間で種子や苗木の交換をしている。もちろんプロの分類学者の話を聞く講演会やシンポジウムも行っている。私も二回シンポジウムで講演したことがあり、ツアーにも二度ほど協力している。

もう会員になってかなりになるが、かつては訪欧のときなど、数人の会員のお宅を訪ねた。そのイギリスとベルギーの会員はともに貴族であり、とても歩いては廻れない広大な庭を馬に乗ってみて廻ったことなどを思い出す。ツアーでも日中はともかく、夜は一変して上流の人々の社交の場となる。ヨーロッパはいまも階級社会であり、仕事以外では滅多なことでは他人を受け入れない。またひとたび内側の人間と見做されれば、かなりの制約にも我慢する必要があることなども知らされた。交際はいまに続くが、私はこの学会から多くのことを学ぶことができた。

イギリスではロンドンのリンネ学会のフェローでもあるのだが、その集まりは研究発表はあるものの、やはり一種のクラブである。society とはクラブであることが判って以降は戸惑うことはなくなったが、日本の学会とは随分ちがう。クラブのしきたりを維持するため、いまでも紹介者がいないと入会できない学会がいくつもある。私はそういう学会も好きだ。専門のベンケイソウ科を対象にしている国際多肉植物学会もそういう部分を残している。私のリンネ学会への紹介者は亡くなられたケンブリッジ大学のコーナー教授と当時はまだ大英博物館自然史部門といったロンドン自然史博物館のスターン教授だった。必ずしも仲が良いとはいえない二人の大先生に私はだいぶ可愛いがっていただいたように思う。いまとなってはたいへん懐かしい。

林地庭園をもつ広大な屋敷はいまもヨーロッパに少なくないが、公共の施設となっているものも一部にはある。各地に点在する樹木園の多くは、こうした庭園に由来するものといってよい。ここの大学のベルモンテ植物園もそうした例に属するといえるものだ。オランダにも貴族はいたが（いまもいるかもしれないが）、この国で大事なのは貴族であった（ある？）ことでなく、裕福であることだった。それが社会でのステイタスを決めているといってよい。だから広大な屋敷や家に住むことは意味がある。ダッチ・アカウントのオランダらしい、といえばよいのだろうか。だからオランダ人は明瞭であり、理解しやすい、ともいえる。

ライン川を渡る

ライン川に通じる運河のひとつを車ごとフェリーで渡った。わずか数分の距離でなぜ橋を造らないのか不思議だった。ところで、そこからも遠くないライン川の本流は、ワーヘニンヘンやナイメーヘンのあたりで随分と蛇行している。まだ川跡湖にはなっていないものの、やがてそうなるのではと思われる流跡も多くみられる。そうした流れに沿って生えているのはヤナギ類だが、その多く

ナイメーヘン（1）
左. ナイメーヘン. かつての王城の一角か. 草花でつくられた市の紋章.
右. ナイメーヘンからみたライン（ワール）川. （写真はいずれも2006年8月）

は葉がシダレヤナギのそれに似るものの、裏面が白色になるオウシュウシロヤナギだ。自生のものとのことである。

ところで堤防の内側にはかなりの距離を隔てて、ところどころにブナやシナノキの大木がみられた。これは昔、川を上り下りする船乗りたちに、人家の所在を示すために植えたものだ、という。確かにこんな平地には植えでもしなければブナ（多くは枝の下垂するタイプ）もないだろう。シナノキもそういう性質のものなのだろう。また、新しいシナノキの重要性が判っておもしろかった。それで思い出したのが、ドイツのコブレンツで、ライン川とモーゼル川が合流するあたりを歩いたときに、おびただしい数のシナノキがあったことだ。なかにはかなりの大木もあり、古くから植栽されていると想像したものの、植樹の意味は判らないままだった。船乗りとシナノキの間にもまた数々の結びつきがあるにちがいない。船といえばロープ（「つな」という日本語とシナノキあるいはその方言の間に関係はあるだろうか？）は必需品であり、川に沿って植えられたシナノキは、緊急の場合にロープの素材を提供したかもしれない。

街道に沿って農家が収穫したばかりのジャガイモを売っていた。自分で料理できるならぜひにでも買いたいところだ。また、ちょうどスモモの収穫期でもあり、これも果樹農家が道路沿いでよく販売しているらしいが、雨模様のこの日はみられなかった。

ナイメーヘンを歩く

A三二五という、ライン川の北のアルンヘムと南のナイメーヘンを結ぶ主要道路に出て、ナイメーヘンに着いた。バタウィー族とフリィースィー族がローマ軍に反抗して、フォルコフの丘の上に立て籠ったが、ペティリウス率いるローマ軍に包囲され、平定後はローマ軍の最前線の基地となり、丘のあった場所はNavio Magnus (New Market) と名付けられた。ナイメーヘンの名はこの新市を意味するNavio Magnusによっている。

橋からみえた望楼らしきものの近くを歩いた。そこは硬い岩盤(久しぶりの岩との対面である)の上にあり、位置的にもライン川に臨む要塞として重要な場所であることがすぐに理解できるところだった。ローマ軍によって紀元前七〇年くらいに築かれた要塞の跡などもある。その頃の建物に用いられたと考えられる小さな屋根の破片などもそこでみつけることができた。さらにその一角にはカール大帝の時代、すなわちカロリング朝に建造された建物やその遺構も数多く残されていた。

ナイメーヘン（2）
右上．ライン（ワール）川沿いの建物．右は復元中の遺跡．
右中．望楼の紋章．

左中．望楼．
下．旧王城の石造りの橋．（写真はいずれも2006年8月）

左上．要塞の内部．

ナイメーヘン（3）
右上．要塞
右下．シャルルマニュ時代の教会．

左下．はりぼてだった望楼．
（写真はいずれも2006年8月）

カール大帝（シャルルマニュ）はエクス・ラ・シャペル（アーヘン）やヘルスタルとともに、ここに王邸さえ置いたのである。かつての王城があったと考えられる広場には、市の紋章である左右を金獅子で護られ、頭に王冠を載せた双頭の鷲が多くの草花を用いて描かれていた。

円形の二段造りの要塞は半分崩れかけた状態で保存されていた。半球形のドームを載せたその建物は、上下の階にいくつもの狭間をもち、前線の防衛拠点として重要な役割を果していたのだろう。ローマによるネーデルランドの支配が終焉を迎えたのは紀元四〇〇年頃である。以降Navio Magnus、すなわちナイメーヘンはフランク王国の支配するところとなったのだが、私の知識はカール大帝すなわちシャルルルマニュまで飛ぶ。

彼がフランク王国の単独の支配者となったのは、カロリング朝成立（七五一年）から二〇年後の七七一年であり、シャルルマニュは執拗に抵抗を続けるザクセン平定のために何度も派兵する。王邸や要塞の建設もその頃に行われたものなのか。好きだった高等学校の世界史の授業を思い出す。肖像画さえもみたことのない英傑シャルルマニュの姿を瞼裏に思い描いたものである。要塞の壁面に身を寄せ少し休んだ。シャルルマニュの偉業に、発足したEUを重ねながら、波のように繰り返された覇権のエネルギーは何だったのかを考えた。はたしてそれは岡田英弘がいうように、モンゴルでの人口の爆発的増加なのだろうか。まだ私には納得も批判もできるだけの知識がない。

ところで要塞にはその後のものと思える大幅な改修の跡がみられた。それこそロタリンギア争奪の跡であろう。兵たちのはかなき夢の跡ではない。権力闘争の犠牲に消えた兵士の多くは単に糧のために戦さに参じただけだろう。要塞の傍らには、モンゴルのゲル（パオ）程度の大きさで、高さも数メートルという、小ぢんまりとした教会があった。シャルルマニュ時代のものとの説明がある。その明りとりのために、四周に造られた窓に嵌め込まれたガラスのサイズはきわめて小さなもので、板ガラスをつくる当時の技術の水準が推量される。

少なくともヨーロッパでは主張とは命を賭けてはじめて成り立つものであったのだ。布教のためにも戦さは必要だった。個人では決闘がそれを解決し、集団間では戦争がそれを決めた。武闘がヒトという生物での揉めごとの決着方法だったのだろう。多くの野生動物と変わらない。生きるか死ぬかではなく、よりよい条件のもとで暮すための闘争が戦争の根本思想であり、それはおそらく本能的な希求でもあったにちがいない。

実物にみえた高い望楼が、実はラミネートシートを張り巡らしただけの「張りぼて」だったのはおもしろかった。また、可笑しくもあったが、秀吉の一夜にして造ったという墨俣城もこんなものだったか。どうすれば遠方からみて本物らしくみえるかを考えての作事だったのだろう。

硬い岩盤から斜面を下って川岸に出ると、そこに古色蒼然とした一軒の、どちらかといえば小さな建物があり、訪ねてみた。それはライン川を上り下り（どちらか一方かもしれない）する船から税（通行税？）を徴収した処と書いてあった。ナイメーヘンは第二次世界大戦で市内はほぼ完全に破壊されたとのことだったが、この建物は奇しくも爆撃を免れたそうである。いかに古くても復元による建物では素材の一部が新しかったりでいまは統一感に欠ける。

付近一帯は公園になっていて、植栽も広く行われているが、みるからに単調でおざなりである。普通は墓地に植えるシダレトネリコが公園の入り口を飾るコンクリート製のポットに植えられていたのは新機軸か、それとも無知によるものか。今年はいたるところのブナやスズカケバカエデなど、樹木の実つきがたいへんよい。七月が高温で、乾燥したためだろうか。それとも単なる隔年結果によるものか。来春はおびただしい数の実生が芝生から伸びだすことだろう。たいがいの市街地ではリスやノネズミの数が少ないかまたは皆無で、種子や果実が摂食される機会すらないのは寂しいことである。

川岸から旧市街の中心と思われる聖ステフェンス教会に向けて歩いてみた。みるからに市庁舎（いまは使っていない）と思える建物があり、嵌め込まれた説明板を読むと、ここで有名なナイメーヘン条約が締結されたと記されていた。ちょうどその前で、直前まで市が開かれていたらしく、野菜かすやら、切花の残骸やらが散らばっていた。この歴史的建造物は先の戦争で破壊され、一九五〇年代に復興されたということだ。

教会は小高い丘の中心を占めている。平地ばかりのホラント地方から来ると、土地に起伏があることが新鮮に思えるが、驚いたのは教会の建築に、先ほどの要塞のあったあたりの石とは異質の石

ナイメーヘン（4）
上．聖ステフェンス教会遠望．右端は計量所．
右下．計量所．巨大な街灯はかつてのガス灯を流用したものか．
左下．旧市庁舎．ここでナイメーヘン条約が締結された．
（写真はいずれも2006年8月）

が使用されていたことだった。白味の強いそれはマーストリヒトあたりから運ばれてきたものらしい。ホラント地方（ハーグ、ライデン、アムステルダムなど）では石造りは金持ちであることを象徴するものである。マーストリヒトでは、この石灰質の多い岩石からセメントも製造されている。教会の建物の基部をみると明らかに墓石であったものが土台に組み込まれている。この教会は何度も改築や増築がなされてきたらしいが、つくりからもその経緯がよく判る。墓石に刻まれた一五〇〇年代は宗教戦争に揺れた時代だから、その間は墓も破壊され、後に建物の改修に回されたのだろうか。教会は墓地を管理する施設ではないから、驚いてはいけないのかもしれない。またこの教会はカトリックとプロテスタントが共同で使用していると書いてあった。これも初めて知ることだった。いまはカフェやレストランになっている大きな建物が教会に接して建っており、案内書をみたらかつての計量所と書いてあった。この計量所も立派なものであり、建設された当時のこの町の繁栄ぶりがしのばれる。

セイヨウトチノキの落葉が本格化している。二年ほど前からガの一種、さらにはカビが原因の病気が蔓延し、木々は痛めつ

聖ステフェンス教会．建物の基礎に用いられた宗教戦争時代の墓石．

けられている。落ちてきた葉をみると無数のガの幼虫の食害跡がある。日本で植栽されるセイヨウトチノキにはこの害虫やカビによる病気はまだ広がってはいないのだろうか。かつて北アメリカに蔓延したオランダ・ウィールスでアメリカグリ（*Castanea dentata*）がほぼ全滅の憂き目に遭ったことが思い出される。

何度かの旅行を通してライン川を、その上流から下流の多くの地点で眺めることができた。ナイメーヘンは前々から訪ねてみたいと思い続けていたので、今日は嬉しい一日だった。オランダもライン川の以北と以南ではかなりのちがいがあるのかもしれない。実はまだ以南の地域を訪ねたことがない。またの楽しみである。ライン川はナイメーヘンの手前で分かれる支流のネーダーラインが、ユトレヒトを通り、さらに枝分かれした運河のひとつがライデンに通じている。またアムステルダムに出る運河もある。本流はマース川と合流してロッテルダムで大西洋に注ぐ。地図をみて判ったのだが、オランダはライン川下流の低地帯であるのだ。ナイメーヘンから東南東に、およそ二〇キロメートルも進めばドイツのクレーブである。オランダにはドイツ人嫌いが多いが、ここはそうもいってはいられないのだろう。ドイツ語で商売している人もみた。駐車場にはドイツの車もかなりある。いまはＥＵの時代なのだ。

オランダの外国マーストリヒト

リンブルク州の州都マーストリヒトを訪ねた。ライデンからユトレヒトに出て、E二五（EU共通の道路番号、オランダではA二）で、スヘルトヘンボシュを通り、途中でエイントホーフェンに立ち寄った。この町には電気産業フィリップスの本社と工場、工業関係の大学などがあり、これまで私がみてきたオランダの町々とはかなり異なる雰囲気をもっていたのが印象的だった。そこからさらに一時間近く南下し、ようやくマーストリヒトに到着した。二時間半ほどのドライブだった。

西と南をベルギー、東をドイツと接するマーストリヒトは、店の看板もオランダ語だけではなく、ドイツ語、フランス語、英語とさまざまで、ここを訪れる人たちの多様ぶりを反映している。昼食にカフェテリアを覗くと、「何語で？」とまず聞かれたのは、多種の言語で書かれたメニューが用意されていたからだろう。試みに日本語というと、にっこり笑って英語のメニューをもってきてくれた。私をここに案内してくれたオランダ国立植物学博物館のタイセさんは、どことなく日本人と思えなくもない風貌をしている。そのためか、彼がオランダ語で何事かを早口でいうと、英語であなたのオランダ語はパーフェクトだといったのには爆笑した。ここで街路に広げられたテラスに座って、牛肉を酢の入ったソースで煮たこの地方独特という一品などを食べ、しばし通りを行き交う人たちを眺めながら、談笑を楽しんだ。

要塞に想う

マーストリヒトが初めて歴史に登場するのは『ガリア戦記』だろうか。そのなかに記述されるエブロネス族やアドゥアトゥキ族を通じてである。一世紀末のドミティアヌス帝は、すでに成立していたベルギカ州からライン川沿いの地域を分離し、新たに二つの属州、上ゲルマニア、下ゲルマニアをおいた。後のディオクレティアヌス帝の時期には、第一、第二と名称の一部が変更されたが、ローマ化は不十分とされ、行政上の中心は設けられなかった。ただ、ローマによって建設された軍事拠点であったマーストリヒトには、ナイメーヘンやユトレヒトとともに、ローマ軍の需要に応える商工業を担う都市的集落が形成されていた。こうした発展を支えたのが、前一世紀にガリア総督アグリッパが建設に着手した、コローニュ（ケルン）からマーストリヒト、バヴェを経てブローニュに至る道路であり、一世紀に将軍コルブロが行ったライン川とマース川を結ぶ運河の建設であった。事実、地名マーストリヒトのラテン名Trajectum ad Mosamは、マース川（Mosa）を渡河する

(trajicio) ことに因んでいた。

マーストリヒトに着いてまず足を向けたのは次に書く自然史博物館だったが、私はどうしても要塞だけは自分の目でみたいと思った。博物館から要塞まではすぐの距離だった。

マース川を一方の背にして造られたその要塞は、石や煉瓦を積み上げ築いたもので、万里の長城のような垂直の壁のところどころに設けられた砲台が印象的だった。要塞は戦さのたびに何度も補修あるいは拡張され、利用されてきたのである。

地名が示すようにマース川の中流域に発達したマーストリヒトは、古来から交通の要所であったにちがいない。ベルギーのアルデンヌ高原の山間から北上するその川はここを通ってナイメーヘンの南で急に西走し、ワール川と呼ぶライン川の支流とは指呼の距離で並走する。マース川とワール川はナイメーヘンを通るマース・ワール運河でつながり、そこを通って二〇キロメートルも遡ればネーダーラインと呼ぶライン川本流に通じる。さらにおおむね二〇キロメートルの距離にあるアルンヘムでは北海に注ぐウッセル川に接続するのだ。ローマからみれば海路を通ることなく北海にいたることができる要路であり、重量物を運ぶうえからも、この川の道は陸路に数層倍勝る戦略上も重要なものであったことが理解される。古来、考えられる以上に人々は川をたどって行き来した。

岡田英弘の説によれば朝鮮半島においてもその付け根から先端まで河川をたどる川の道が重きをなしていたという。本州への渡来人も日本海から川の道を利用して瀬戸内海に達したと彼は書く。

マーストリヒト
上．城壁と城門．
中右．路上のカフェ．
中左．中世の城壁に残された当時の大砲．
下．城壁外部に広がる緑地．（写真はいずれも2006年9月）

ライン川をその防衛の境界としたローマ帝国は、ときにはそれを越えて北上はしたものの、やがては各地で敗れていく。こうした多くの河川が貫流し海に注ぐ、オランダ・ベルギーの地は、まさに低地地方の名にふさわしい。また河川の戦略・交易上の重要性が今日以上に大きかった時代に、ここが争奪の場にならないはずはなかった。ローマ軍撤退の後、西ヨーロッパを統一したシャルルマニュの努力も一代かぎりで終り、ロタリンギアの名を与えられた低地地方とそれに続く仏独国境地帯は、東西フランク王国とその後裔であるフランスとドイツの、さらにはハプスブルク家が支配したロタリンギアからは遠く離れたスペインやオーストリアの、果てることのない争奪の場になったといっても過言ではないだろう。

だが、私が立ったここマーストリヒトの要塞からは不思議と中国の万里の長城のような威圧感は感じられなかった。それどころか、それは攻略不可能な、まったく人を寄せ付けない代物なのではなく、人を誘う魅力さえ有しているように思われたのである。戦火に苦しんだ人々のことを忘れての発言にも聞こえてしまうが、要塞は戦闘の場であるよりも交渉の場であったのではないだろうか。とくに中世以降、ここを去来した幾多の軍は万の規模に達しはしなかったはずだ。囲碁ではないが、陣地争いの戦さでは、どちらに加担するのが将来有利かを判断することが重要である。戦うといってもどちらも壊滅するような戦闘をしたわけではない。運動会の騎馬戦といっては叱られるが、形勢不利とみればただちに撤退したのである。万里の長城はヨーロッパ全土に匹敵する巨大な版図を支配するにふさわしい力の誇示にとどまらない。世界の歴史を動かす原動力ともなったモンゴルの、爆発的エネルギーに直接接するフロンティアとしても、それは機能しなくてはならなかった。

マーストリヒトの要塞は戦国時代の日本の群雄割拠にも似た規模のものであったことに私は納得できた。これに較べればライデンのスペイン軍の包囲に籠城して耐えた、あのブレヒト（要塞）の方がよほど強固だ。

自然史博物館

自然史博物館でいえば、オランダで国際的レベルのそれはライデンにあるナチュラーリスだけであり、他は地域での教育を対象としたものが数館あるに過ぎない。とくにレーワルデンやマーストリヒトにそれがあるのは学校教育でライデンまで出かけるのは遠すぎるからだろう。地方の自然史博物館の重要な課題はその地方の自然やそれを構成する動物・植物・地質や岩石などの特色について実物を通じて理解を促すことにある。また、同時に鉱物、動物、植物の多様性への理解に果す役割も大きい。この博物館も例外ではない。

マーストリヒトは他のオランダではみられない石がある。それも転がっている石ではなく、岩盤を形成して存在する。石灰質のものが多く、セメント工場もある。石膏の生産も行われただろう。この町の全体に明るい印象は南の光線のせいばかりでなく、石膏で上塗りされた白色の建物が多いためでもある。石灰岩地には鍾乳洞ができる可能性が高い。そうした鍾乳洞は原始時代の人類の居住空間として利用されたため、石器時代の遺物が発見される可能性が高い。

まるで個人の家を訪ねるのではないかと思ったほど、博物館の入り口は小さく小ぢんまりとしていたが、広場から続くそのアプローチはさわやかでよい雰囲気だった。その建物はまるで鍾乳洞を探索するかのように、小さく仕切られた部屋が立体的に配置されている。通常の階層意識ではとらえられないつくりである。

人類遺跡、とくに地質・岩石の展示は、充実している。化石の展示物も立派である。おそらくこの分野の専門家がこの博物館で研究活動を行っているのだろう。研究報告や参考書籍も出版されているが、ほとんどが地質学や化石に関係する内容のものであった。生態系を示すジオラマもあり、狭いながらも総合的な自然理解を目標としていることがみてとれた。魚類のコーナーではいくつもの水槽に淡水産の魚類が飼育されていた。鳥類や哺乳類の剝製も数多く、見栄えもしたが、植物の多様性を示す展示はおざなりである。展示物も少ないだけでなく、展示方法も整っていない。階段の踊り場に地元のアマチュアが寄贈した植物標本のコレクションがケースごと展示してあったが、その標本は標準的なものとはほど遠く、教育の場として位置づけられるこの博物館での公開に疑問を覚えるほどのものであった。

標本は数千点には達するという。よくもこれだけのコレクションをつくったものだと感心はした

マーストリヒト自然史博物館
上．正面玄関．
右下．寄贈された植物標本のコレクション．
左下．多数の剥製標本が展示された鳥類展示室．
（写真はいずれも2006年9月）

が、その過程で専門の植物学者と接する機会はなかったのだろうか。その標本は独創的といえばそうだが、台紙からして十分には植物の特徴を引き出すには小さすぎ、情報はラベルではなく直接台紙に記されていた。オランダは地方色が豊かであるが、必要情報の地方を超えた流通は欠かせない。科学情報の流通も必要な部類に入ると思われるのだが、植物標本作製のための基本情報の伝播でさえ、そうスムーズというわけにはいかないものなのだろうか。

この博物館のスタッフなのか、関係者なのか、あるいは依頼によるものなのか、いたるところにブロンズでつくられた小物が置かれている。かなりのものがぎょっとするような、見方によってはかなりグロテスクなものであった。遊びの精神は買うものの、博物館とは不調和だと思った。

自然史博物館といえばどこも目玉は恐竜だが、ここにもその意識があったのだろう。入り口を入ってすぐの床に嵌め込まれるようにして、ある恐竜の化石のレプリカが展示されている。説明文には、この化石はビュッフォンにより研究され、現在はパリの自然史博物館にあり、戻って来ない旨のことが書いてあった。日本でも同定を依頼され送られた標本について、後の時代に返却を求められることがあるが、一筋縄にはいかない。人気者の恐竜ともなればなおさらだ。これと同じレプリカは系統分類を示すコーナーにも展示されていて、同じ趣旨のことが繰り返し記されていた。学術上も、またご当地にとっても、それはとても重要な化石であると認識されているにちがいない。

博物館の裏庭は小さな植物園となっていて、ヨーロッパブナとセイヨウトチノキ、ホオノキによく似た中国産のマグノリア・アクミナタ（*Magnolia acuminata*）の大木を取り囲むように多くの植物が栽培されていたが、いまは手入れも行き届いていないのか荒れた感じが隠せない。ここに植えられたセイヨウトチノキは果皮にほとんど刺がないもので、別の種かと疑ったが、葉はまったくセイヨウトチノキのものであった。日本だったらさっそく「トゲナシセイヨウトチノキ」なる名称が与えられたことだろう。小さな用水路（?運河）を隔てた対岸の建物は音楽学校らしく、練習中のさまざまな楽器の音が、ときには大音量でもれてくる。

　入り口の方向に戻り、その付近に設けられたガラス室を覗くと、燦々と注ぐ太陽に熱せられた室内の床に嵌め込まれていたのは、先ほどのものとは別の恐竜の頭部骨格の化石だった。標本はガラスの蓋いで手厚く保護されているといえ、この高温や光線は標本に影響しないのだろうか。問題点もあるとはいえ、十分に特色をもったこの博物館は多くの市民に愛されていることだろう。学校の授業か、高校生と思しき若者が多数見学していたし、一般の老若男女の姿も少なくはなかった。

ロンス・エン・ド・ドュルネス・ドゥイネン国立公園の砂丘.（写真は2006年9月）

ライン川の砂山

帰りはロッテルダム方面を経ることにして、途中ロンス・エン・ドュルネス・ドゥイネンという長い名前の国立公園に寄った。ドュルネスとかドゥイネンというのはドューンすなわち砂丘のことで、この公園はライン川が生み出した砂丘とその砂丘上に発達した植生の保護を目的として設置されたものである。スヘルトヘンボシュとブレダの中間にあるティルブルクの北方にそれは位置している。通過したティルブルクは繊維加工を中心とした手工業の町で、最近のアジアからの安い輸入品の影響で大きな打撃を受け活気を失っているとのことだった。

川が運んだ大量の砂が堆積してできた砂丘上には、すでにヨーロッパクロマツやオウシュウナラなどの樹林ができており、砂丘とはいっても鳥取砂丘のように、砂がむき出し状態で広大な面積を被う、「月の砂漠」のような光景とは大きく異なるものだった。もう日没も近かったのに結構な人たちがこの砂丘にやってくるのには驚いた。みると彼らの多くは両手にスキーのストックを持っている。ストックを使って砂の上を歩く、一種の健康法（ダイエット？）が流行っているのだそうだ。すっかり日も落ちた頃、砂丘の麓にあるベルギー系レストランでワインで喉を潤しながら、長かった一日の喜びをかみしめた。

ハーバリウムにて

オランダ国立植物学博物館ライデン大学分館は、三つある分館のひとつだ。他は、ユトレヒト大学とワーヘニンヘンの農業大学の標本館である。それぞれが収蔵する歴史的コレクションは別として、ライデン大学分館はオランダと、「マレーシア地域」（インドネシア、マレーシア、シンガポール、フィリピンなどを含む植物地理学上の地域）を中心としたアジア、ユトレヒト大学分館が南アメリカ、ワーヘニンヘン農業大学分館はアフリカの植物相の研究センターとして機能分化もしている。蛇足だが、国立植物学博物館という組織が誕生した時点で、フロニンヘン大学にかつてあった標本室は閉鎖され、標本はライデンに統合された。そのとき、同大学にあったシーボルト・コレクションの主要部分が、ライデン大学から東京大学総合研究博物館に寄贈されたのである。なので東京大学のシーボルト・コレクションは、フロニンヘン大学旧蔵シーボルト・コレクションといってよい。

王立植物標本館

ライデン大学分館は、まったく異なる二つの標本室が合体し誕生した。一方はかつての王立植物標本館、他方はライデン大学の植物標本室である。前者は、一八二九年にブリュッセルに設立され、ブルーメ（一七九六—一八六二年）が初代館長となり、当初はオランダ領インドネシア、主としてジャワ島で収集された植物標本の収蔵と研究が行われた。設立の翌年、ベルギーの独立戦争が勃発し、日本から帰国したシーボルトが尽力して、その標本はライデンに移された。

ブルームの没後、ミクェル（一八一一—一八七一年）が館長となり、国際規模での交流と標本の交換を通してこの標本館を国際的なレベルに高めた。すでに書いたように、ミクェルは一八五九年からユトレヒト大学教授の職にあり、ライデンにはほとんどいなかった。ただ、ユトレヒトとライデンの間にはオランダで最初の鉄道のひとつが引かれていたから、往き来は数時間でできたことだろう。ミクェルは、標本館の中心的研究拠点であるマレーシア地域には一度も出かけたことはなかったが、ぼう大な著作を著し、この地域の植物相研究に大きな足跡を残した。

また、シーボルトと後継者が日本で収集した日本植物の研究を行った。王立植物標本館が日本の植物研究の重要な拠点に転じたのは、単にシーボルトらのコレクションが収蔵されてきたからだけではなく、日本の亜熱帯から暖温帯地域の植物相の詳細な分析を行ったミクェルの研究によってであるといえる。

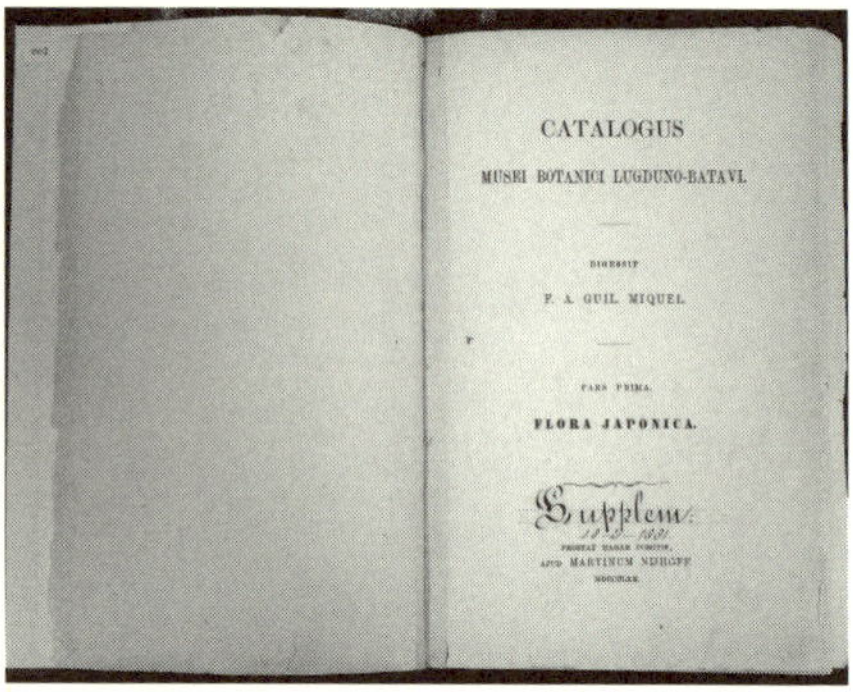

右. ミクエルのシーボルト・コレクション・カタログ.
左. ミクエル. ユトレヒト大学案内より.

ミクェルの没後、館長のポストに就いたのは大学の一般植物学の教授だったスリンハー（一八三二―一八九八年）だった。彼は、海藻、オランダの植物相、サボテン科のメロカクタスの分類には興味をもっていたが、マレーシアの植物相にはほとんど関心がなかったし、大きな研究プロジェクトの立案もやらなかった。そのため一九三三年にラム（一八九二―一九七七年）が次の館長に就任するまで、王立植物標本館の活動も評価も下がる一方だった。

ラムは館長に就くとすぐにマレーシアとアジアの植物相の分類学的研究を館のメインテーマに据えた。第二次世界大戦直後の四七年に構想が具体化されたフロラ・マレーシアナ基金(Foundation Flora Malesiana、マレーシア植物相研究基金）が五〇年には正式に発足し、マレーシア、アジアの植物研究に占めるライデンの標本館の役割が一気に高まりをみせた。その後多少の曲折はあるものの研究の中心をマレーシアとアジアとする王立標本館の路線は継承され今日にいたっている。

一方ライデン大学には古くから薬学と植物学の教育・研究の場として植物園があった。その創設は先にもふれたように異説もあるが、一五九〇年に遡る。初期はともかくボェルハーヴの頃から標本が作製され、かなりの量に達していた。とくに、ファン・ロイエンとメールブルフのものが重要である。標本は植物園に収蔵されていたが、一九七三年頃から始まった植物園を王立植物標本館に統合する検討が八九年になって、両施設を合一して大学の数学・自然科学学部の一研究施設とすることで決着をみた。このとき、両者の別々に収蔵されてきた標本も統合され、同じ屋根の下に保管されることになった。

さらに一九九九年になって、王立標本館はユトレヒトとワーヘニンヘンの標本館と合併し、オランダ国立植物学博物館（Nationaal Herbarium Nederland）となったことは先に述べたとおりである。これを推進したのが、畏友バース教授だった。

ライデンで私に最も関係の深い国立植物学博物館ライデン大学分館はライデン中央駅の南側の新開地にある。旧市内すなわち中心部とは駅を挟んで反対側になる。最初にライデンを訪れたとき、市内を案内してくれたのはいまは亡きファン・スティーニス博士だった。先生は駅の南側を指さし、ここにあるのは隔離病棟と水溜りだけだといったのを思い出す。事実、駅近くから隔離病棟と思われる建物が幾棟も続いていたのを思い出す。その後、そこにはＭＣＬＵ、すなわちライデン大学医療センターが巨大な建物群を擁して建ち、国立自然史博物館ナチュラリースができた。この博物館

上．オランダ国立植物学博物館ライデン大学分館．（2004年1月）
中右．液浸標本室．（2006年7月）
中左．標本室の内部．（2004年1月）
下．王立植物標本館と呼ばれていたころの建物．シェルペンカーデ．（2005年3月）

はオランダでも一二を争う大人気で、夏休み中も大勢の親子連れで賑わった。さらに駅から離れたところにライデン大学分館となっている博士の名を冠したファン・スティーニス・ヘボウと呼ぶ建物がある。元はコンピューター関係の会社だったというモダーンな建物を再利用したもので、アカデミックな印象は薄い。National Herbarium Nederland は国立植物標本館と訳すのが適切ともいえるが、私はあえて国立植物学博物館とした。多くの歴史的コレクションを含むぼう大なおし葉標本に加えて、有用植物のサンプル、図書、植物画、植物模型などを所有し、さらに小規模ながら展示もしていて、日本語での標本館のイメージを超えているからだ。

ボェルハーヴのものといわれたおし葉帖.（2006年8月）

直接の研究対象ではないが、リンネに感銘を受けたというボェルハーヴのものといわれる標本帖など、ライデンに収蔵される植物の歴史的コレクションは眺めているだけでも楽しい。リンネやリンネ以前の植物学に興味をもつ私は、ここに収蔵される歴史的コレクションのひとつであるファン＝ロイエン・コレクションについて研究してみたいと思い続けてきた。しかし、これまで時間がなく叶わなかった。かつて「自然の体系」という展示を企画し、リンネの植物学の形成に果したオランダやオランダの学者の影響はかぎりなく大きいことを知った。二〇〇七年にちょうど生誕三〇〇年を迎えるリンネについて、各国で展示や関連図書の出版やらが企画されている。私もこれを機会にこれまでの研究成果を発表したいと考えている。また、リンネが命名した植物のタイプ一覧が出版されるが、その一部にも協力することになっている。今回はぜひとも時間をつくりリンネ研究にも関係するファン＝ロイエン・コレクションに当ってみたいと思った。

ファン＝ロイエン・コレクション

分類学では命名に際して、その基準にタイプを指定しておく、タイプ法を採用している。今日ではタイプの指定がない命名は無効と見做されるが、リンネの時代にはタイプ法の考えはなかった。そこで後の学者がリンネが命名した学名のタイプを選定し、命名上の混乱が生じないようにしている。リンネの『植物の種』ではおよそ六〇〇〇種の植物が記載された。この著作は後に高等植物の学名の出発点と決められているので、その六〇〇〇種についてタイプを選定する研究には重いものがある。

種のタイプは標本または図である。多くの場合は、リンネが直接研究に利用した標本から選定されるが、実際には標本が確認できない種も多い。なかでもリンネが、すでに行われていた先行研究の成果を引用したケースにそれが集中する。リンネが『植物の種』に引用した先行研究のひとつが、

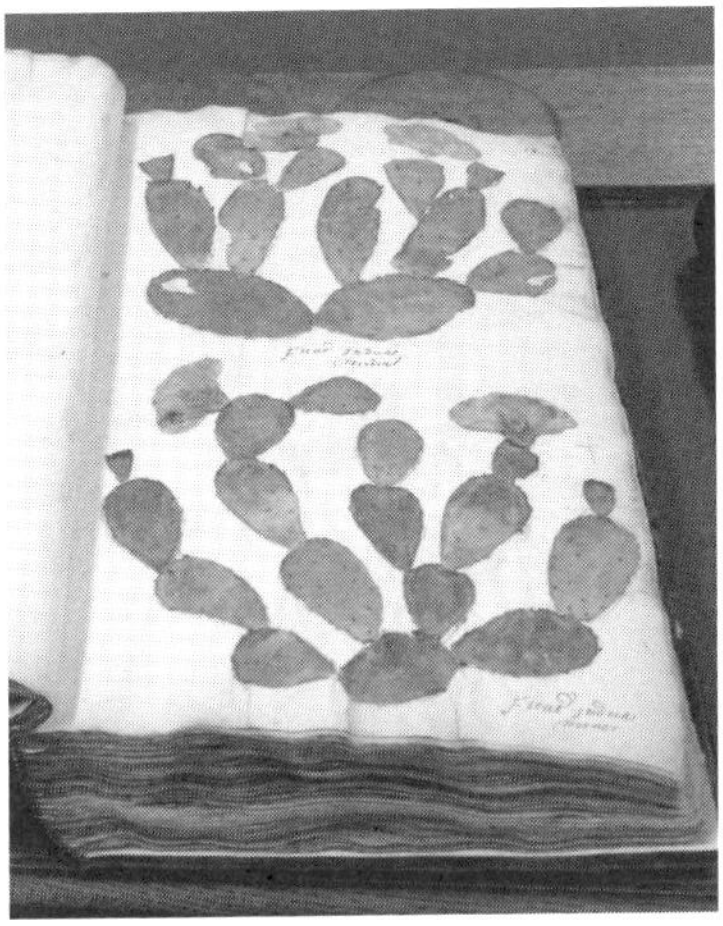

国立植物学博物館ライデン大
学分館にある古いおし葉帖.
(写真はいずれも2006年8月)

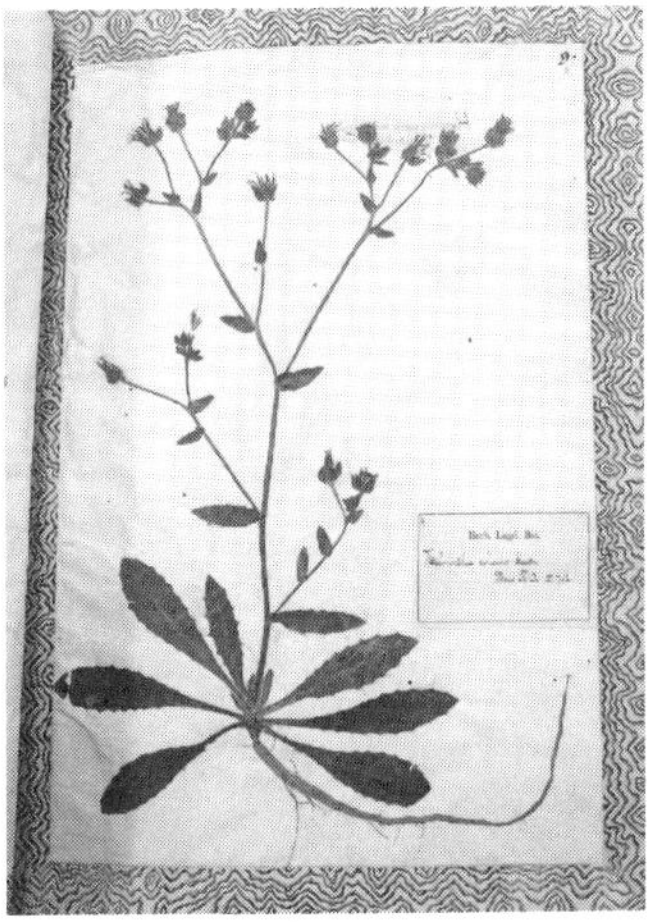

アドリアン・ファン・ロイエンが一七四〇年に著した『ライデン植物誌試論』(*Florae leydensis prodromus*)である。

アドリアン・ファン・ロイエンは、ボェルハーヴを継いで一七三〇年に園長、三二年には植物学と薬学の教授に就いた著名な学者であった。彼がライデン大学の植物園での植物の新配列法(新分類法)のために一七四〇年に著したのが、上記の著作である。ファン・ロイエンの標本が着目されるのは、彼がその著書を標本にもとづいて執筆したことによる。

リンネが『植物の種』に収載した種で、リンネ自身の標本がどこにもなく、またファン・ロイエンの著作以外に引用された文献がない場合、ファン・ロイエン標本がタイプに選定されることになる。なのでファン・ロイエンの標本は、通常の植物学史研究上の重要性だけではなく、学名の安定化のための重要性も加っている。

だがややこしい問題がファン＝ロイエン・コレクションには付随する。というのも彼の長男、ダヴィット・ファン・ロイエン(一七二七―一七九九年)もライデンで薬学を学び、多数の植物標本を作製していたからだ。ダヴィットは後に大学の評議員として行政に手腕を発揮したが、リンネとも交流があった。植物園に残されたコレクションはこの親子によって収集されたものなのである。リンネのタイプ選定に当ってダヴィットの標本がときに問題となる。なぜなら彼の標本は、明らかにリンネの『植物の種』よりも後の時代ものであり、選定の対象にはならないからだ。だが、多く

ファン=ロイエン・コレクション中の標本.

の場合、個々の標本が、父アドリアンのものか、息子のダヴィットのものかを決めるのは、神業に近い。そもそも決定のために重要な証拠はいくつかの例外を除いて見当らないからだ。

その例外のひとつが、ダヴィットの装飾的な手書き文字だ。次に重要な手懸りは、標本上へのリンネの『植物の種』の関連ページの書き込みである。ダヴィットは友人でもあるリンネの著作を利用し、自分の標本を同定した。その際、『植物の種』は必ず引用し、記載ページを書き入れたのである。こうした標本はまちがいなくダヴィットのものである。その他は、ありとあらゆる状況証拠を駆使して峻別にかからねばならず、実際この研究はまだ完了していない。

アドリアン・ファン・ロイエンの標本が、リンネの記載した種のタイプ選定の候補となる標本を多く含むことで重要なら、一方のダヴィットの標本の重要性は、ラン科のオフリス・ルテア(*Ophris lutea*)のようにリンネが採取した標本を含むことだろう。ツュンベルクが日本や南アフリカで採集した標本なども含まれる。アドリアンのコレクションも合わせたファン＝ロイエン・コレクションには、他にパリのツーヌフォール(一六五六—一七〇八年)、スイスのハーラー(一七〇八—一七七七年)、ウィーンのジャカン(一七二八—一八一七年)、かのバンクス(一七四三—一八二〇年)、オランダのボェルハーヴ、フロノヴィウス、ブルマン、さらにはダンツッヒ(いまのポーランド、グダンスク)のブライネ(一六三七—一六九七年)など、十七、十八世紀に活躍した多数の植物学者の自筆付き標本を見出すことができ、胸躍る。さながら十八世紀にタイムスリップしたよう

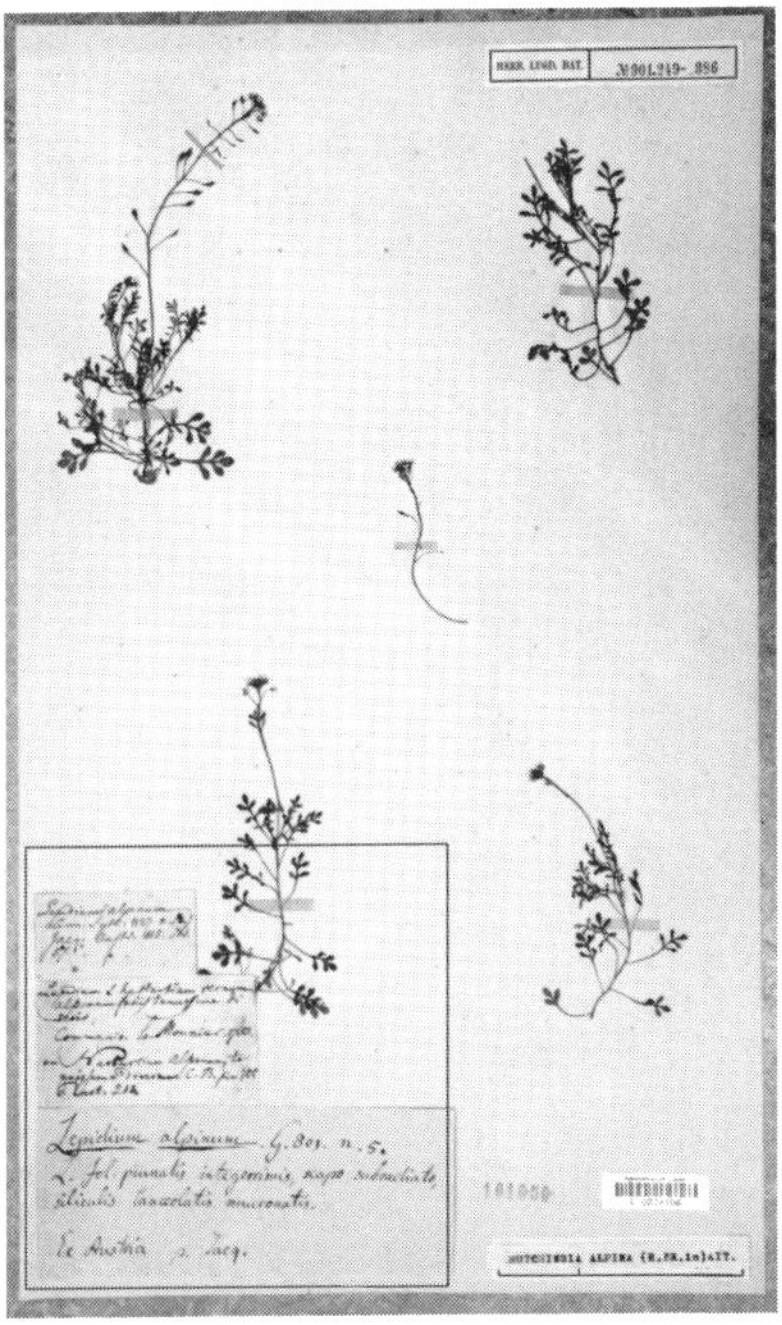

右上．ウィーンのジャカンが採集したアブラナ科プリツェラゴ・アルピナ *Pritzelago alpina* の標本（右下は枠で囲んだ部分の拡大）．
左上．ツュンベルクの肖像画．
左下．ファン=ロイエン・コレクション中のツュンベルク標本．ドクダミ．

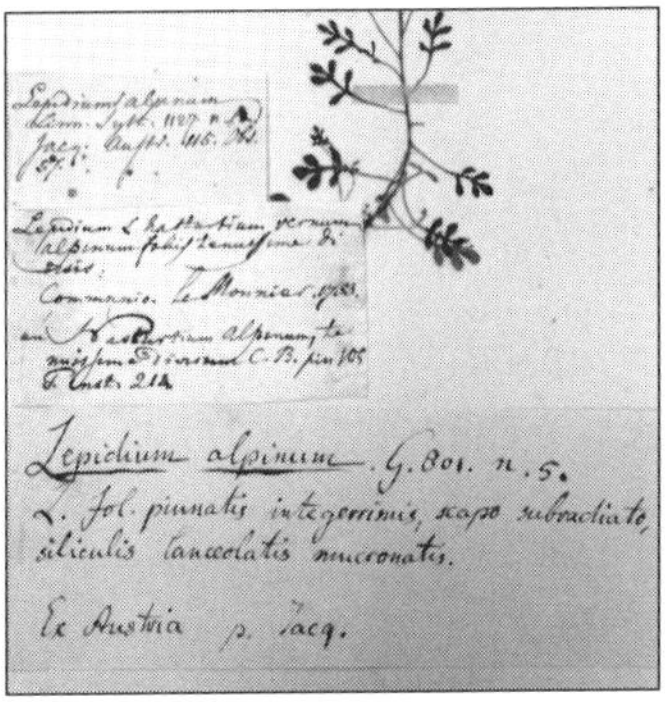

な錯覚に陥る。もちろんその重みは私だけが感じるものではない。植物学史に欠かすことのできぬ第一級の資料といえるのである。

アラビドプシスのタイプ標本

ファン＝ロイエン・コレクション中にあるタイプのひとつを紹介しよう。それは、今日、分子生物学の分野で重要な実験植物となっているアブラナ科のアラビドプシス・タリアナ（*Arabidopsis thaliana*）である。アラビドプシス・タリアナは最初リンネにより、ハタザオ属の一種と考えられ、『植物の種』では*Arabis thaliana*として扱われた。『植物の種』の当該ページ、六六五ページをみると、ARABIS foliis petiolatis lanceolatis integerrimis. Viri. cliff. 64. Fl. Suec. 567. Roy. lugdb. 339. Dalib. paris. 200（右欄外にthaliana）の引用のほか、改行で、リンネの自著である『クリフォート邸植物誌』からの引用、ボーアンのピナックス（pin.）、さらにはタリウス（herc.、ただしharc.と誤記されている）からの引用がある。

二名法は、属名（ここではArabis）と欄外に記入された名（ここではthaliana）の二語を組み合わせることをきっかけに誕生した。わずかに二語だけからなる植物の名称化は従来の名称に較べて簡便で、またたく間に博物学者の間に広まり定着し、これが後に生物の種の学名となった。「二名法」の登場により、それまで用いられていた多くの形容詞を連ねた名（ここでのArabis foliis petiolatis lanaceolatis integerrimis）を「多名法」と呼ぶようになった。

なお、引用したアラビドプシスの記述での名称の後に続く、Viri. 以下の部分は、この名を用いた先行文献を、リンネの提唱した一定の省略法にしたがって記したものである。Viri. cliff. は、リンネの *Viridarium cliffortianum*（『クリフォート庭園の植物』）、Fl. Suec. は同じくリンネの *Flora suecia*（『スウェーデン植物誌』）、そして Roy. lugdb. がファン・ロイエンの *Florae leydensis prodromus*（『ライデン植物誌試論』）、Dalib. paris. がダリバーの *Florae parisiensis prodromus*（『パリ植物誌試論』）である。

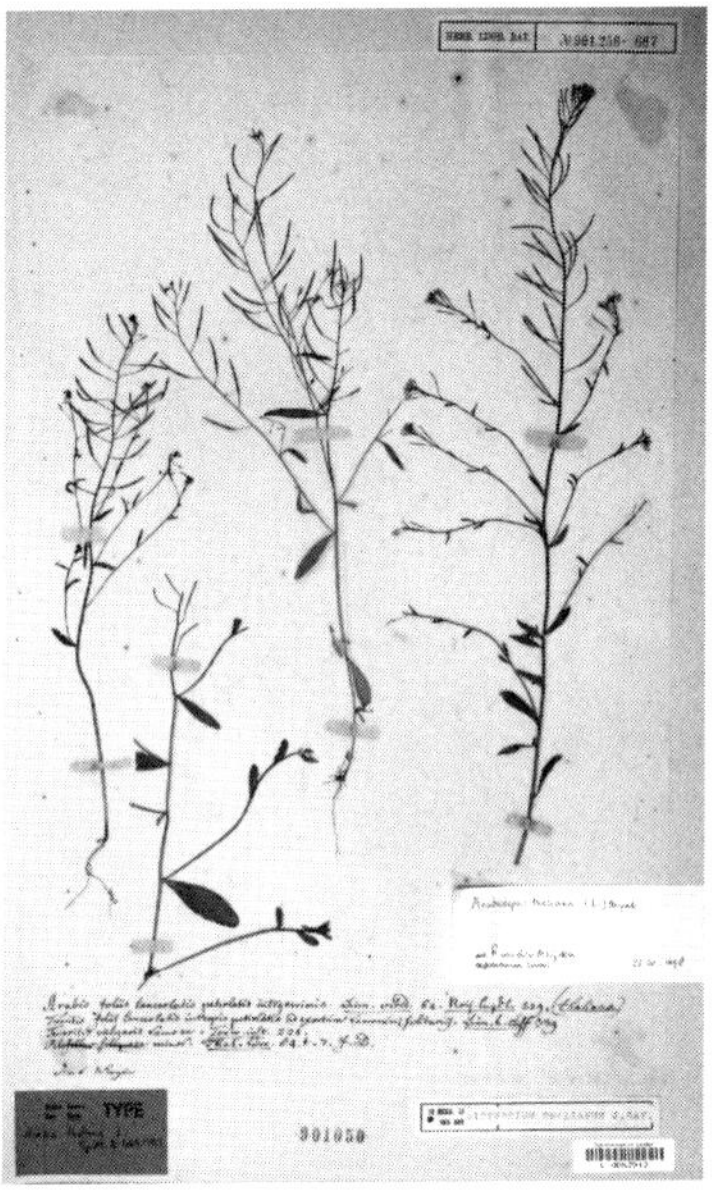

ファン=ロイエン・コレクション中にあるアラビドプシス・タリアナ *Arabidopsis thaliana* のレクトタイプ標本.

多くの場合は、関連標本があるクリフォート標本にはアラビドプシス・タリアナに該当する標本が見出せず、ライデンのマイデン（R. van der Meijden、一九四五—）により、ファン・ロイエン標本のうちの一点（L0052912）がタイプに選定されたのである。

ホルター・コレクション

プロテスタントの町、ライデンの大学は、創設当初アリストテレス派の哲学の影響下にあったが、十七世紀前半に数学（幾何学）ならびに自然学（機械論）によって自然や自然現象の説明が可能と主張した、ブルターニュ生まれで、思索と研究の生活の大半をライデンで過した哲学者デカルトの科学思想の影響を強く受けることになった。蛇足だが、ラッペンブルク運河に面したシーボルト・ハウスの左隣にデカルトが住んだ家が残っている。デカルトの影響は生物学や医学の分野にも及んだ。とくにイギリスの医学者・生理学者ハーヴィの血液循環の理論は、自然の機械論的な説明の典型とされ、後には自然史にたいしても理論的要素の導入を求めるものとなった。

この風潮を変えたのはデカルト主義への偉大なる反対者であったニュートンの経験主義である。十八世紀になるとライデン大学では実証性を重んじる生理学や解剖学などを基礎に据えた教育が行われ、医学、植物学、化学の教授であり、学長でもあったボェルハーヴはそうした教育の中心人物となっていた。

ボェルハーヴはすでに書いたようにライデンで神学や哲学を学んだ後、ヘルダーラント大学で学位を取得している。ボェルハーヴの名は解剖劇場（*Theatrum anatomicum*）を通じて医学分野ではあまねく知られているが、一七二四年に熱の正体をカロッリク（熱素）と呼ぶ、重さのない元素とする説を唱えたことでも有名である。またライデン大学植物園で栽培される植物を分類・記述した『ライデン大学植物園植物目録』（*Index plantarum, quae in horto academico lugduno-batavo reperiuntur* 一七一〇年）を著すなど、植物分類学の発展にも貢献している。

リンネが学位を取得した一七三五年には一六六八年生まれのボェルハーヴは六七歳に達しており、しかも病臥中であった。リンネの分類学者としての前途に多大な影響を与えた彼は、三年後の一七三八年に没した。

リンネの学位論文を審査したホルター教授はライデン大学でボェルハーヴに学んだ逸材だった。彼がヘルダーラント大学の医学・植物学教授になったのは、一七二五年である。ホルターは当時としては最先端の医学教育ができた人物だったといわれている。実はホルターは親子してヘルダーラント大学で医学を教えていた。リンネが論文を提出したのは父のヨハネス（一六八九―一七六二年）である。一七五四年には、父を継ぎ医学・植物学の教授となった子のダヴィット（一七一七―一七八三年）とともにロシアの女帝エリザヴェータ・ペトロヴァナの侍医として招聘され、いったんは大学を去るが、四年後には再びハルダーワイクに戻っている。

父の著作には植物学に関するものは知られていないが、ダヴィットはリンネの『植物学概論』（*Elementa botanica*）を解説した『リンネ式分類法による植物学概論』（*Elementa botanica methodo cl. Linnaei accommodata atque in usum auditorum evulgata*）を一七四九年にハルダーワイクで出版している。ダヴィットはまた後年、オランダとベルギーの植物相を研究し、これに関連したいくつかの著作も残している。

ホルター親子の残した、およそ一〇〇点ほどの植物標本がホルター・コレクションとして、ライデン大学分館に収蔵されている。

親子とも几帳面な性格だったらしく、標本はきちんとつくられ、ラベルも丁寧に記入されている。

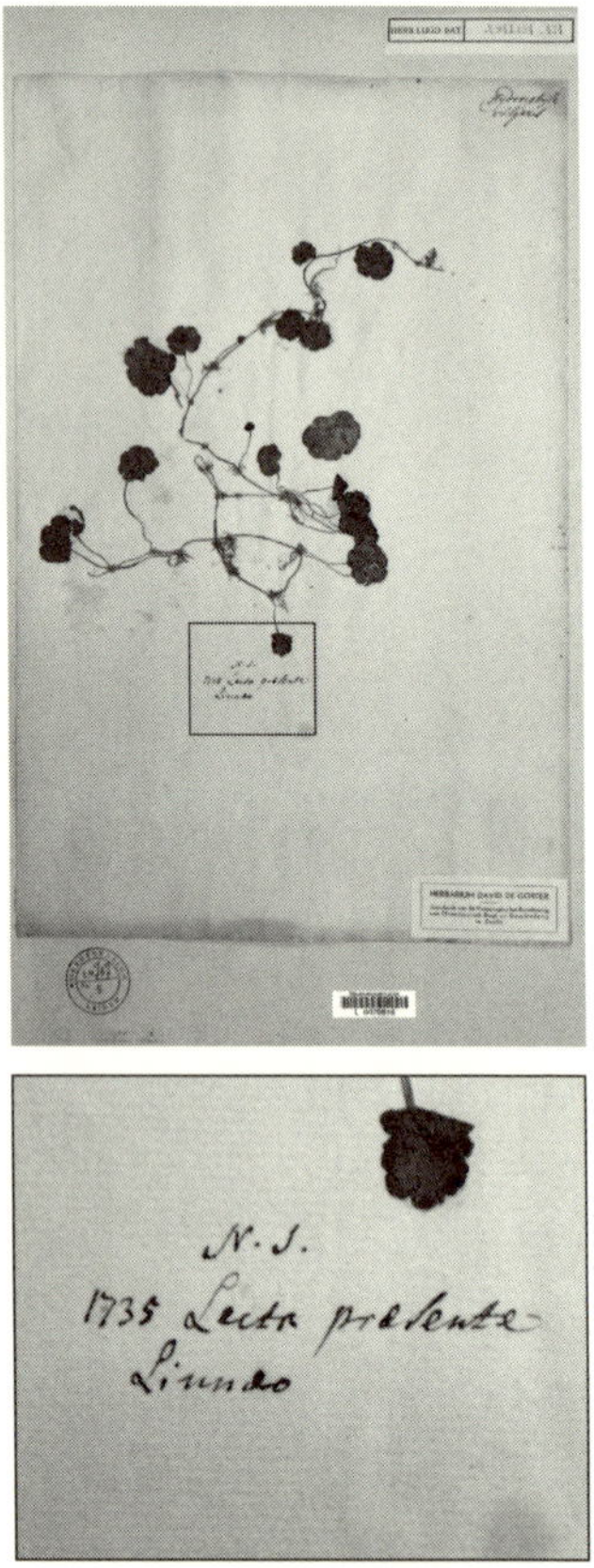

リンネからホルターに贈られたチドメグサ属ハイドロコティレ・ウルガリス *Hydrocotyle vulgaris* の標本（上）とリンネの自筆部分の拡大（下）.

標本の多くに、後で述べるパラフェルナリアを伴う。パラフェルナリアは多くは茎の切り口や根の部分に貼られた植木鉢様のものである。そのデザインがひとつではなく、実に様々なのがおもしろい。なかには手書き、手彩色されたものまである。

リンネは一七五九年にホルターへ感謝の意をこめて南アフリカ産のキク科の新植物を彼らに献名し*Gorteria*という属名を発表した。ホルター・コレクション中にはこの種の標本があるが、その鉢は特別に手描きでしかも彩色されていて、献名されたことを嬉しく思う気持ちが溢れ出ているようにみえる。

パラフェルナリア

遊んでいるといってしまえばその通りだが、楽しみのひとつに標本に一緒に貼り付けられているさまざまなパラフェルナリア（paraphernalia）をみることがある。それには標本の枝や茎の基部に貼り付けられる植木鉢様のものと、ラベルとして使用される墓標様のもの、テープに利用される飾りリボン様のものなどがあり、顔ぶれは多彩だ。植木鉢にもさまざまなデザインがあり、個人ごとに固有のデザインの植木鉢を使用していたのか、それともそういうものが一般に売られて流布していたのか、まだよく判っていない。オランダでよく目にするものの、他の国の標本では私はこういうものをあまりみた記憶がない。どうもそれは町々や家ごとに固有な紋章をもち、それに愛着を感

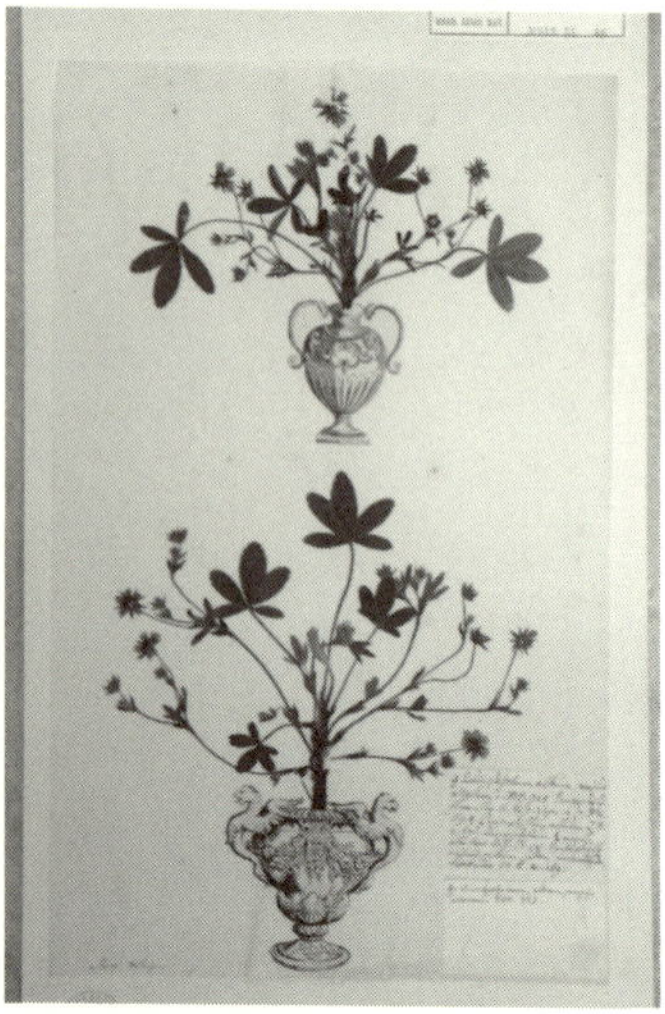

ヨハネス・デ・ホルター

ホルター・コレクション中の標本.
大半の標本に植木鉢をかたどったパラフェルナリアをともなう.

ホルター・コレクション中にみられる植木鉢型パラフェルナリア．左下はリンネがホルターに献名したホルテリア（*Gorteria*）の標本に添えられていたもの．彩色がほどこされている．

じているオランダならではの流行だったのではないか、という気がしている。こういう標本を利用したリンネだが、彼はパラフェルナリアには一切言及していないし、スウェーデンに帰ってから作製した彼の標本にもそれは用いられていない。本質にはまったく関係ないからであろう。この種のパラフェルナリアのうち、植木鉢様のものについては、先に若くして亡くなったことを記したワイナンドが園芸雑誌に書いた*Tuinvazen voor herbaria*、文字通り「ハーバリウム（おし葉標本）の植木鉢」という、わずか一ページの紹介文があるぐらいで、まだよく判っていないことが多い。こうしたものを標本に取り入れて楽しんだ精神性や時代背景などについて、時間が許せば研究してみたいと私は考えているのだが、果して実現するかどうか。

音楽を想う

九月上旬にロシア沿海州での植物相調査に参加するため、前後一日ずつ日本に滞在した。蒸し暑くまだ夏の感じがした。オランダも暑いと思ってきたが、いまははるかに涼しい。夕方方々で虫が鳴くのをきく。かなり賑やかなものだ。人工的な音以外には音らしい音がしないライデンでの暮しが比相される。

音楽の起源は騒音

人は無音の状態に不安を感じる動物であるのにちがいない。雷鳴に畏敬の念を抱くのがうなずける。棒で何かを叩いたり、木の実を落としたり、と。とにかく音を発することに惹かれた。やがて大きな音のでるモノを生み出し、それにリズムを付し、神がかったり、踊ったりした。

ずっと後世になって集団生活から家族単位の生活に移っても無音の状態がもたらす不安には耐え

ハールレムのパヴォー教会のオルガン．モーツァルトも演奏したといわれる．（2006年10月）

られなかった。とくに早朝になり鳥が囀りを開始するまでの、夜間の静寂は耐えがたい不安そのものの連続であっただろう。今日の感覚での音楽の楽しみではなく、音を発するものが必要であり、それを用いて音を発生させた。大音量は神業によるものと解しえたであろう。雷鳴がそうだ。それに匹敵するオルガンが宗教と密接に結びつくのは本能的なものだろう。教会の鐘も同様に考えられるかもしれない。個人でオルガンをもつことは不可能だと考えられただろうし、家のサイズに合わせた適度の音量の楽器が多数登場した。リュート、ビオラ・ダモーレ、クラビコードと楽器は洗練の途をたどるが、いまでも各国には原始的な構造をもつ楽器も多々残る。

音楽とは別に町の音も多くなった。以前音といえば嘶きや叫び、囀りなど、動物が生み出すものであるか、人間が楽器や道具から発生させたものであったが、機械が生む音が新たに登場したのだ。水力や風力による、水車や風車が廻るときに生じる音、ぜんまい仕掛けの時計などの刻む音などである。十八世紀後半からはさらにダイナミックな音が加わる。十九世紀に登場した蒸気機関が発する音だ。とくにレールの上を走る蒸気機関車、工場の機械を動かす蒸気エンジンの音はリズミックでさえあった。やがて電気で動くモーターも現れ、許容範囲を逸脱したおびただしい数の音が錯綜し、騒音の名を生んだ。

東京でも下町で育った私は、町工場から流れ出るこうした音とともに成長した。時計、モーター、蒸気機関車は町のリズムであり、私はそれに乗れた。だが二十世紀最後の四半世紀はダイナミックな町の音を消滅させてしまったのである。それが生んだギャップは工業都市でとくに大きかった。人々は生活を乗せるリズムを失い、まさに失調したのである。こうした町の音とリズムの消滅を補うかのように登場したのが、エレキすなわち電気仕掛けの楽器である。それらは、大音量を簡単に生み、しかも失った蒸気機関車よろしく、一定のリズムをそれこそ機械的に刻むことができた。工業都市、リバプールでは、機械に代わってビートルズが新たな町の音を発生し始めた。それは工業都市の間にまたたく間に広まっていき、かつてこの町を走った蒸気機関車、ライオン号を継ぐ、新しい町の、町に生きる人々のリズムとなった。あの機械的なリズムなくしては一日の生活の設計が困難であるかのように、若者はあのリズムに頼るようになった。かつては聴きたくなくとも避けることさえむずかしかった町の騒音で育ってきた私には、電気がつくる単調なリズムよりも、調子により変る蒸気機関車や町工場のモーターの音、家の柱時計の刻む音にいっそうの愛着を感じるのだが、それは郷愁というものだろう。

十九世紀は、蒸気機関の登場と普及により、町の音が一変した時代、ともいえる。これが人々の暮しに反映しないはずはない。音楽への影響は歴然としている。その飛躍的に増した大音量に対応するように、オーケストラは編成を拡大し、従来の二管・三管から五管さらには七管というような大編成となり、世紀末のマーラーやブルックナー、二十世紀のリヒァルト・シュトラウスは、こうしたオーケストラを駆使した作品を次々に書き上げていった。歌でも大編成のオーケストラをバックに歌う歌曲が生まれた。神の楽器であったオルガンを凌ぐ大音量楽器、オーケストラへの人気がにわかに高まったといってよい。コンサートはオペラと並ぶか、それ以上に人気の音楽となったのである。

日本の状況は幾分これとは異なっていたといえる。それは厳冬期を別とすれば夜間といえどもけっして無音ではなかったことである。とくに夏や秋は無数の虫が鳴き、春は春で蛙合戦もあった。いまとは異なり、小鳥も多かったにちがいない。結果は家庭の音楽の発達をみなかったことである。音楽は宗教を別とすれば、娯楽としての価値しか認められなかった。その点で着目されるのは雅楽である。それが日本古来のものでないのは明らかで、おそらく無音の草原の民が生んだものにちがいない、大きな音を発生させる仕掛けとしての楽器を多数もつことである。雅楽は無音への恐怖が生んだ音楽の要素をいまに伝えている。

わずか二日の帰国でそれまでその存在の大きさに気づかなかった虫の音の意義を学んだように思う。上の考察が正しいものかどうか、今後も検討してみたい気持ちが残る。

ブルゴーニュの残照

いわゆる六〇年安保を十代後半に経験したことの影響は私のいまに及ぶように思う。安全保障の真意は判らなくとも国の将来や国家の関係についての関心は高まり、関連して哲学的議論も盛んだった。国家防衛の相手が共産主義という、イデオロギー国家であったためでもある。ソ連や中国の国家の実態に必ずしも鋭いメスが加えられていたわけではない。むしろ私たちのような若者は、絵に書いた餅としての共産主義や社会主義なるものについて議論した。仲間の或る者はそれに憧れ、別の者は疑わしさを主張してやまなかった。私はといえばマルキストのようなレッテルを貼られるほど、その主義主張を述べ立てることができるまでにはマルクスもエンゲルスも、ましてやレーニンについても理解はしてはいなかった。いずれの哲学者についても、一部の小さな著作を翻訳で読んだだけに過ぎずしかも理解できないことの方が多かった。マルクスを理解する手懸りにヘーゲルの書に挑戦したが、当然のこととはいえ、さらに理解はむずかしかった。カントに戻ったものの、問題はいっそう遠いところにある感じがして挫折した。

カントが問題としているのは、目にみえないものごとについて、どこまでは神（あるいは教会の権威）から離れていけるのかということに重要性があるように思われた。キリスト教という宗教が及ぼし続けてきた人間社会への影響を正しくは理解できていなかった私に、この種の問題は難解だった。オッカムのウィリアムスではないが、目にみえないこと（存在がみえないものごと）は神に任せ、存在が明らかなもののみを私たちは対象とすればよい、という理解が好きだった。神以外のものはすべてその存在が自明であり、自明でないものだけについて深い思索をすることが伝統的な哲学の課題ではないのかと、そのときは思ったものである。

やがて哲学書からは離れるとともに、西洋の古典や西洋哲学を発達させたヨーロッパの歴史について書かれた書物をよく読むようになった。もちろん当時の、多分いまでさえ、私の力で、そうした書もまともに読めたわけではない。第一、正しい読み方ができたかどうかさえおぼつかない。ましてや歴史形成に預った人々の身体のあり様や体温も、多くの場合は知りようもなかった。しかし、歴史は、その地域の景観にも作用し、そこに住む人々の意識に作用する。なので、私はいまでも歴

ライデン大学アカデミー・ヘボウ評議会室の壁面に掲げられた歴代学長像中にあるハイシンハ（ホイジンガ）の肖像画.（2006年10月）

史とそれを記述なり、分析した歴史書を読むのが好きな歴史のユーザーであり続けている。

湧き出たオランダの歴史への興味

それはもう高校生活を終え、植物学に専心することも考えていた頃だと思う。中央公論社が刊行していた『世界の名著』というシリーズ本の一冊として、堀越孝一氏が訳されたハイシンハ（ホイジンガ）の『中世の秋』が出版された。その最初の章でもある「はげしい生活の基調」という言葉自体も、その書き出しの部分の「世界がまだ若く、五世紀ほどもまえのころには、人生の出来事は、いまよりももっとくっきりとしたかたちをみせていた。悲しみと喜びのあいだの、幸と不幸のあいだのへだたりは、わたしたちの場合よりも大きかったようだ。すべて、ひとの体験には、喜び悲しむ子供の心にいまなおうかがえる、あの直接性、絶対性が、まだ失われてはいなかった。」の一節は、当時の私にとても強い印象を残した。いま読み返してみると、文字面を追って読み終えるだけでも相当に苦労をしたことを思い出す。根気があるわけではなく、すぐに放り出してしまう本も多いのだが、このハイシンハの著書は解らないながらも惹かれるものがあった。解らないのになぜ惹かれるのか、説明に苦しむし、それはまた、よく表現できないが、わずか五世紀、五〇〇年の間に人は、こんなにも動物としての野生性を失い、感覚も鈍化してしまったのかという、悲しみであろうか。感性を失うことと理性の発達は相関するのではないかという恐怖も消えない。現代の様々な現象に人の行動は野生動物にも悖《もと》るものではないのかと思うとき、『中世の秋』を読んでみたくなるのだ。

『中世の秋』は、ブルゴーニュ家のフィリップ善良公（在位一四一九―一四六七年）時代の、低地地方（ネーデルランド）――すなわち今日のベルギー、ルクセンブルグ、オランダである――を中心に据えた中世末期の歴史叙述といわれている。この低地地方を含むヨーロッパ中央部は、カール大帝、すなわちシャルルマニュ（在位七六八―八一四年）が制定したフランク王国に端を発している。シャルルマニュは教会組織を利用して機能的な行政組織と軍制の改革を行い、また巡察使制度を設置し地方役人としての「伯（爵）」を監視することで、広大な王国を実行支配することに成功した。しかし、八一四年にカール大帝が没すると、領地分割をめぐる争いを招き、ヴェルダン条約（八四三年）で、王国は三分割され、西フランク王国に含められたフランドル地方を除く低地地方の大部分、すなわちライン川、スヘルデ川、マース（ムーズ）川、ソーヌ川、ローヌ川を境界とする地域がブルグンド王国として、カール大帝のローマ帝国の帝冠とともに長子ロタール（後のロタール一世）に受け継がれた。このブルグンド王国は後に、ロタールの名をとってロタリンギア（ロレーヌ、ロートリンゲンの名もこれに起因する）と呼ばれるが、東西フランク王国に較べて弱体な時代が介在したため、後には東西フランク王国の触手の的となってしまう。また九六二年には東フランクを受け継いだオットー一世による神聖ローマ帝国の設立で、ロタリンギアは永久に帝冠からも離れる。だが、ロタリンギアは、王国として一〇三二年まで継続するものの、後嗣なきまま同年神聖ローマ帝国コンラート二世に遺贈され、独立の政治的単位としては消滅してしまう。

ロタリンギアはその後、ローヌとソーヌ両川の西側ほぼ全域（後のブルゴーニュ公領）が西フランクに帰属し、ソーヌ川の東方は神聖ローマ帝国領の一部であるブルグンド自由伯領（フライ・グラーフシャフト、フランシェ・コンテ）、それ以外の地域は弱体化する皇帝・王権力のもとで、モザイク状に並立する独立した小封建諸侯領に分割されてしまう。私は歴史のときどきにそこに生きる自分を想像してみることがある。歴史を動かした立役者ではないのは無論だ。宮廷に使える身分でもなく、大商人でもない。明日の命も判らぬ人として、あるいはかなりの耕作地をもつ農民に扮してである。つまり、ロタリンギアを故郷とし、あるいはそこに住居した普通の人々にとって、ブルゴーニュの曲折はどのような影響を及ぼし、また現在に影を落としているのかである。そこに通底する歴史作用を解く鍵としてハイシンハが採用したのが、暮しのなかに脈打つ「遊び」だったのではあるまいか。

ところでシャルルマニュは世界史上の人気者であり、この時代の歴史は日本の戦国時代を彷彿とさせるものがあり、ダイナミックで、手が汗ばむほどおもしろい。この点でもロタリンギアは私の記憶の片隅にずっと残る地名となったものである―フィリップ善良公によるロートリンゲンの復興の夢、さらにはあのアルザス・ロートリンゲンをも含めて。

ヨーロッパの歴史を理解するうえで欠かせないのが、貴族の爵位である。フランク王国の行政単位では、全体としてローマ帝国のキウィタスに重なる管区を管理する王の代理人として「伯」管区が置かれていた。しかし、低地地方のそれは、キウィタスの下位単位で、旧ケルト族の支配領域とほぼ重なるパグスに該当するものであったといわれている。伯管区には農民が保有する土地と王の直営地（荘園）が併置するかたちで存在したが、時代が下るにしたがい領主層が王権の弱体化に乗じて各地の支配権を掌握するようになっていった。

日本の室町時代末期を連想させるが、十一世紀から十二世紀は、領主による支配の強化をともなう地縁的社会が成立し、小さな所有地は大土地所有経営に包摂されるなかで、農民の領主への従属が強まっていった、といわれる。また新たな三圃式農法の普及が、林地などの共同使用の土地をも含めた全村域を単位とした農村の組織化をも押し進めたといわれる。こうしたなかで、かつてのカロリング朝の組織は崩壊し、王領の私物化、隣接する領主領の購入や簒奪、上級封主からの封授与などを通して広大な所領を獲得した有力領主が登場してくる。彼らはキリスト教とも結びつきを強め、各種の世俗職を手中にするのである。こうして封の授受を通じて貴族・騎士は有力な公や伯などの領主との結びつきを強め、彼らを首長とする明確な領域をもつ諸侯領ができあがっていく。この過程は日本での戦国大名の登場に比することができるのではないだろうか。ではなぜオランダはオランダだったのかその後の変遷を追ってみよう。

低地地方の管区者、ホラント伯の出自は西フリースラントで、ノルマン人との戦いで名をはせた九世紀末の名門ヘルルフ家にある。九二二年にディルク一世は西フランク王シャルル単純王からエグモント修道院とゼーラントに及ぶ範囲の所領を授与され、さらにディルク二世はドイツ皇帝オットー二世からムーズ川河口地帯とフリースラント西部を与えられた。だがこの時点ではホラント伯の名はなく、その名の登場は継父フランドル伯ロベール・ル・フリゾの支援を受けて、ゼーラントに支配を確立したディルク五世（在位一〇六一―一〇九一年）の治世の一〇七五年になってであった。

ホラント伯領は発展を続け、一二四七年はホラント伯ウィレム二世がドイツ王に選出される。しかし、ヤン一世が子供がいないまま没すると、伯領は外戚でベルギー南部を中心に領地をもつエノー伯ジャン・ダヴェーヌ（ヤン二世、在位一二九九―一三〇四年）に渡った。

ブルゴーニュ公とは、フランス東部のディジョン周辺を中心としたブルゴーニュ地方を領地とする公爵である。ブルゴーニュの地は、もともとフランク王国の一伯爵の管轄に属していたが、カペー王朝時代にカペー家の一族によって統治される唯一の公領となり、ここにブルゴーニュ公爵家が誕生した。公爵家とはプリンス、すなわち宮家のことであり、貴族として最高位に位置する。カペー朝が絶えた後も、王位を受け継ぐヴァロア家の一族がこのブルゴーニュ家に付与された権利を継承することになった。この継承が実際になされたのは、だいぶ時代も下った十四世紀の半ばの一三六一年で、カペー家ブルゴーニュ公家最後の代表者であったフィリップ・ド・ルーヴルが嫡子なしに早世したことによっている。このとき、ブルゴーニュ公領の相続を要求したのはヴァロア家出身のフランス王、ジャン二世ル・ボンである。王はこれを親王領として末子のフィリップ（後のフィリップ豪胆公）に継がせた。しかし、フランシェ・コンテやアルトワ伯領などは早世したブルゴーニュ公の未亡人で今日のベルギー西部にあたるフランドル伯領の相続人でもあったマルグリート・ド・マールに残された。マルグリートがイギリス王エドワード三世の子エドモンドと婚約したとき、ジャン二世を継いでフランス王となったシャルル五世（フィリップ豪胆公の兄でもある）は、フランドルの喪失（イギリスによる領有化）を恐れ、法王ウルバン五世をしてこの婚約を解消せしめ、一三六九年にマルグリートはフィリップと結婚したのだった。

この措置によって出自の地ブルゴーニュ公領、フランシュ・コンテ、それらからは遠く隔たったフランドル伯領、アルトワ伯領などの低地地方の一角をも取り込んだ、今日のフランス東部からルクセンブルグ、ベルギー、オランダの大半を含む広大な地域にまたがる、「キリスト教世界で最も裕福にしてかつ高貴、かつ広大なる公領」としてのブルゴーニュ公爵領が誕生したのである。

はかなきものの美しさ

『中世の秋』の主人公といってもよいフィリップ善良公（在位は一四一九—一四六七年）は、この豪胆公（ブルゴーニュ公としての在位は一三六三—一四〇四年）に続く無畏公（一四〇四—一四一九年）の後を継いだ人物である。
ブルゴーニュ公領は出発からして、フランス王国の一部であるのは明らかだが、広大な領地を保持し、次第に独立の気運を高めていく。王子フィリップ端麗公は、アラゴン王フェルナンドとカスティリア女王の間に生まれた王女ファナと結婚したこともその現れであろう。また、善良公を継いだシャルル突進公の王女マリ・ド・ブルゴーニュは、フランス王ルイ十一世による王太子との婚約の勧めを蹴って、一四七七年に後にオーストリア皇帝となるハプスブルク家のマクシミリアンとの結婚の道を選んだ。この成婚によりヴァロワ家と直結するブルゴーニュ家の歴史は幕を閉じるのである。

最盛期のブルゴーニュ家は、スペインからフランス、スイスを通り、低地地方、さらにはオーストリア、ハンガリー、チェコなどの東ヨーロッパ、メキシコを領有するにいたる。端麗公とファナの間に生まれたカール五世は、ブルゴーニュ家に最大の発展をもたらしたものの、その版図は誰の目からみても一つの家（［多くの伯を兼務する］公爵家）が所持する領土の限界を超えていたのは明らかだった。自らもそれを感じていたカール五世は、その領地のうちオーストリアを中心とした一部を弟のフェルディナントに、スペインと低地地方を子のフェリペ二世に割譲した。

ここに初めて低地地方とスペインとの政治関係が生まれる。今日のオランダの大半である北部低地地方は、宗教戦争のとき、そのスペインの支配から抜け出し独立を勝ち取るのである。私がしば

ブルージュ（1）
中世の町並みが残るベルギーのブルージュ．（写真はいずれも2006年7月）

ブルージュ（2）
中央はミケランジェロによるマリア像.（写真はいずれも2006年7月）

しば滞在するライデンはその独立へのプロセスの中で重要な役割を演じた町でもある。

中世の錯綜した歴史の舞台ではないが、一口にオランダとはいっても地域の差は大きい。地理的・気候的な差異はこうした地方差を生むほどではないから、これはまさしく人間自身の活動、すなわち歴史に負うところのものといってよい。今日、ここに住居する人にその残照を見出すことは無理というものだろうか。歴史を読む、すなわち、歴史を利用する興味はその点にあるとはいえないだろうか。

さらに歴史はある人物や集団や地域の誕生と発展と消滅の具体的な姿を提示する。発展期までに長時間を要したものもあれば、あっという間に消滅したものもある。その引き金も一様ではないが、発展期や最盛期にはその引き金をうまく利用できる技術や運の良さがあり、消滅期にはそれがないか乏しい。ときにはそのことが当事者にも判っていることもある。最盛期に栄華をきわめた個人や集団あるいは国家が消滅の道を歩む姿は痛ましい。その最盛期が華やかであればあるだけ、はかなさは倍加しよう。痛ましき国家を代表するのがブルゴーニュ公国であり、ハプスブルク家のオーストリア（＝ハンガリー二重）帝国だと私は思っている。このはかなき国家は破れてなお慈しまれている国家でもある。多くの文化遺産や美風を残したのも、これらのはかなき国家だ。だがそれらがどことなく頼りなくひ弱な国家であったことは否めない。文化を支え発展させ美風を生んだ知恵は政治とは結びつきのないものだったのか。もし自分もその国の住民だとしたら、国を愛し、末路に向ってひた走る日々を予感できたろうか。後者への答えは簡単ではないが、肯定できる気もするのだ。

私のこの二つのいまはなき国家への興味はおそらく尽きることなく続くことであろう。国家がよって立つ基盤としての自然についての理解はかなり深まったが、人間の所産、そして意識についての理解は私の能力の限界を超えてなお膨大である。

あとがき

　文久二年の幕府の遣欧使節団の通訳としてオランダを訪れた福沢諭吉は、自伝に、「各国巡回中、待遇の最も濃やかなるは和蘭の右に出るものはない。是は、三百年来特別の関係で爾うなければならなぬ。殊に私を始め、同行中に横文字読む人で蘭文を知らぬ者はないから、文書言語で云えば、欧羅巴中第二の故郷に帰ったような訳で自然に居心がよい。」と記している。

　日蘭の友好はさらに一〇〇年を加え四〇〇年に及ぶが、私の抱く印象もこれに変らぬ。今回の訪問ではないが、シーボルト・ハウスの開館を祝う祝賀パーティーでの鏡割りの光景は忘れられない。それはオランダで、しかも出席者の多くがオランダ人であるにもかかわらず、そのまま切り取って日本に移しても何の違和感がないものだった。振る舞いも、枡酒を飲む姿も堂にいっていて、到底一朝一夕にできる仕草ではない。ぼんやり聞いていると彼らは日本語を話しているような錯覚さえ感じたものである。

　この長きに及ぶ友好を壊したのは先の第二次世界大戦だった。資源争奪を目論んだ日本軍はジャワ島を占領し、多くのオランダ人を捕虜にし、また人命を奪い財産を踏みにじる行為に及んだ。友好の絆が強かっただけにショックも大きかった。不幸にも、オランダではこの戦争を主導したのは昭和天皇だと受け止められてきた。昭和天皇の崩御後、戦後長らく秘匿されてきた日本の美術コレクションや庭園などが少しずつ公開されるようになってきた。

かつての隋唐、宋に接したように、江戸時代は唯一の西洋の国として、日本人はオランダから西洋を学んだのだ。いまでも私たちのなかにある西洋の基準はオランダだと私は感じる。国外にオランダのような国をもつことの大切さを思わずにはいられない。

面積も小さいオランダは、国力の増強を求めるよりも自然と文化を慈しみ、調和した暮しを指向しているように思える。面積的にも類似し、相互に将来の模索に肝胆相照らすにたる国ではないだろうか。立憲君主の国体も似ていよう。私はオランダが好きだ。歴史に示される苦節は日本の比ではないであろうが、それらの経緯を経て培われてきた人知は包容性に富み、理解の幅も広い。

二〇〇六年に国際交流基金の知的交流フェローシップ（派遣）に「二十一世紀のシーボルト像を探る」という研究テーマで採択され、七月中旬から九月下旬までの約二カ月半をオランダで過ごした。私を受け入れてくれたのは、葛飾北斎の研究でも名高い国立民族学博物館のマチ・フォラー教授だった。民族学や美術史を専攻する研究員や大学院生ばかりのフォラー教授の研究室に机をおき、そこで多くの時間を過したが、このことは植物学を専門とする私にとってかつてない経験であった。また、後半は週のうち何日かは国立植物学博物館ライデン大学分館にも足を延ばし、そこでも研究を行った。

本書に書いた多くは、この滞在期間中に経験したオランダ各地への旅行や拠点としたライデンでの見聞によるものであるが、一部はそれ以前のオランダ訪問時の旅行や見聞によったものもある。本書のもとになったのは、日記がわりのノートであり、内容は多岐にわたるもののいずれも記述には深く掘り下げたものが乏しく、何のえるところもない読み物でしかないことをおそれる。にもかかわらずこれを出版しようと考えたのは、ひとえに私のオランダとそこに暮す人々への敬愛によっている。これは私のオランダへのオマージュである。多分に私的な感傷や思い込みも混っていよう。

このオランダでの日々を含め、たいへん多くの方々から心温まるご支援をいただいた。本書では研究に直接係わることにはふれなかったので、文中で感謝の気持ちを表する機会さえなかったが、私を快く受け入れてくださったフォラー教授、そして邦子夫人に心から感謝の意を表したい。また、到底望みえないほどの便宜を図ってくださった小町恭二大使ご夫妻のご厚意にはこれを謝す適切な言葉がみつからないほどである。在オランダ日本大使館文化部の浪江啓子さんのお力添えも忘れることのできないものである。植物学博物館のコレクション主任であるヘラルド・タイセさんには多くの我がままを聞いていただき、予想以上に研究を進めることができたばかりか、週末には私のために旅行を計画してくださった。ライデン大学医学部のベイカース教授ご夫妻及び、日本・韓国研究センターのブート教授は、本書では書くことがなかった二十一世紀のシーボルト像の模索に、助言と示唆をいただき、支援くださった。ウィベ・カウテルト（Wybe Kuiterte）ご夫妻には、ワーヘニンヘンとナイメーヘンへの旅行に誘っていただいた。また、園芸や樹木について話し合う楽しいひとときをもつことができた。そして受け入れ機関である国立民族学博物館のエンゲルスマン館長のご厚意にも謝してお礼申し上げる。

最後に、校正を読み、多くの誤謬を指摘くださった、飯田美奈子さんに感謝したい。また、本書の出版を快く引き受けてくださった八坂書房の八坂立人社長、編集担当の中居恵子さんにもこの場を借りてお礼申し上げる。

参考文献

Anonymous. 36 uur feest! In: *Leven*, Jaargang 02 No. 04 Herfst 2006, Leiden. 2006.

Aerts, E.（アールツ、E）『アールツ教授講演会録　中世末南ネーデルラント経済の軌跡―ワイン・ビールの歴史からアントウェルペン国際市場へ―』九州大学出版会、二〇〇五年

Beukers, H. 他 *Japan in Leiden–The honorable visitor* 『誉れ高き来訪者 ライデン―日本』Stedelijk Museum de Lakenhal, Leiden. 2000.

ブロール、M、西村六郎訳『オランダ史』白水社、一九九四年（原題：Braure, Maurice *Histoire des Pays-Bas*）

Dröge, J., de Regt, E. and P. Vlaardingerbroek *Architectuur & monumentengids Leiden*. Primavera Pers, Leiden. 1999.

デュモン、G-H、村上直久訳『ベルギー史』白水社、一九九七年（原題：Dumont, Georges-Henri *La Belgique*）

Hendriksen, B. *Friesland*. Van Reemst Uitgeverij, Houten. 2005.

ホイジンガ、J、堀越孝一訳『中世の秋』中央公論社、一九六七年

堀越孝一『中世ヨーロッパの歴史』講談社、二〇〇六年

河原温『ブリュージュ』中央公論新社、二〇〇六年

Klein, Ernest *A comprehensive etymological dictionary of the English language*. 1971.

ラペール、H、染田秀藤訳『カール五世』白水社、一九七五年（原題：Lapeyre, Henri *Charles Quint*）

Mabberley, D. J. *The plant-book. 2nd edition*. Cambridge University Press.Cambridge. 1997.

森田安一編『スイス・ベネルクス史』山川出版、一九九八年。

大場秀章『大場秀章著作選 I』八坂書房、二〇〇六年

大場秀章「ライデン大学日本学講座とシーボルト博物館」『UP』第三四巻七号（通巻三九三号）三五—四〇頁、東京大学出版会、二〇〇五年
大場秀章編『Systema Naturae—標本は語る』東京大学総合研究博物館／東京大学出版会、二〇〇四年
大槻真一郎『科学用語語源辞典ラテン語篇』同学社、一九七九年
Rietbergen, P. J. A. N. et al. (translated by M. E. Bennett). *A short history of the Netherlands, 2nd edition.* Bekking Publishers, Amersfoort. 1994.
フォン・シーボルト、P・F・B、大場秀章監修・解説／瀬倉正克訳『日本の植物』八坂書房、一九九六年（原題：*Flora Japonica*）
科野孝蔵『栄光から崩壊へ—オランダ東インド会社盛衰史—』同文館出版、一九九三年
Stearn, W. T. *An introduction to the Species Plantarum* and cognate botanical works of Carl Linnaeus. In: Carl Linnaues, *Species plantarum.* A facsimile of the first edition, vol. 1, 178pp. The Ray. Society, London.
田辺雅文『オランダ・栄光の17世紀を行く』日経BP出版センター、二〇〇〇年
van den Broek, J. *Van Albinusdreef tot Zeemanlan.* Karteon Uitgevers & Adviseurs BV/ Universiteit Leiden, Leiden. 2005.
Veendorp, H. and L. G. M. Baas Becking. *Hortus Academicus Lugduno-Batavus* 1587-1937. Reprint. Rijksherbarium / Hortus Botanicus, Leiden. 1990.

【ラ行・ワ行】

地名索引

【マ行・ヤ行】

【ラ行・ワ行】

【サ 行】

【タ 行】

【ナ 行】

【ハ 行】

事項索引

Gorter, 1717-1783） 213-214
ホルター，ヨハネス・デ（Johannes de［Jan van］Gorter, 1689-1762） 49, 213
ポワヴル，ピエール（Pierre Poivre, 1719-1786） 72
ポンペ→ポンペ・ファン・メールデルフォールト
ポンペ・ファン・メールデルフォールト（Pompe van Meerdervoort, 1829-1908） 13-14, 99

【マ 行】

マイデン（R. van der Meijden, 1945-） 212
松木弘安 95
マリ・ド・ブルゴーニュ（Marie de Bourgogne, 1457-1482） 231
マリア・テレジア（Maria Theresia, 1717-1780） 51
マルグリート・ド・マール（Marguerite de Male, 1350-1405） 230
マルハリータ（パルマ公女 Margaretha, 1522-1586） 21-22
マルハレータ（Margaretha, 在位1345-1354） 154
ミクェル，フリードリッヒ・アントン・ウィルヘルム（Friedrich Anton Wilhelm Miquel, 1811-1871） 64-65, 199
箕作秋坪（1825-1886） 95
ミュラー，フィリップ（Philip Miller, 1691-1771） 53
メールブルフ，ニコラース（Nicolaas Meerburgh, 1734-1814） 201
モーツアルト（Wolfgang Amadeus Mozart, 1756-1791） 220
モーニッケ（O. G. J. Mohnike, 1813-1887） 64
森有正（1911-1976） 101
モレウス，ヨハネス（Johannes Moraeus, 1716-1806） 50

【ヤ 行】

山下岩吉 104
山田八郎 95
ヤン一世（Jan I ,1284-1299, ホラント伯） 229
ユリアナ女王（Juliana Louise Emma Marie Wilhelmina, 1909-2004） 161

【ラ行・ワ行】

ラインワルト，カスパー（Caspar Reinwardt, 1773-1854） 65
ラマルク（Jean Baptiste Pierre Antoine de Monnet de Lamarck, 1744-1829） 72
ラム，ハーマン・ヨハネス（Hermann Johannes Lam, 1892-1977） 200
ランペン（H. J. Rampen） 49
リンネ，カール・フォン（Carl von Linné［Linnaeus］, 1707-1778） 39-62, 73,115, 122, 206, 208, 210, 215
レンブラント（Harmensz van Rijn Rembrandt, 1606-1669） 27, 104
ローゼン，ニルス（Nils Rosén, 1706-1773） 44
ロタール一世（Lothar I , 795-855） 226
ロートマン，ヨハン（Johan Rothman） 44
ロベール・ル・フリゾ（Robert le Frison, 1033-1093 フランドル伯） 229
ワイナンド（D. O. Wijnand, 1945-1993） 167-168, 218
ワンデラール（J. Wandelaar） 58

林研海（1799-1839）　99
原寛（1911-1986）　71, 77
バンクス，ジョセフ（Sir Joseph Banks, 1743-1820）　53, 71, 208
ビュエルガー（Heinrich Bürger, 1806?-1871）　64, 97
ビュスベック（C. de Busbecq, 1522-1592）　91
ビュッフォン（Georges Louis Leclerc Buffon, 1707-1788）　195
ファン・ズヴィーテン，ゲルハルト（Gerhard van Swieten, 1700-1772）　51
ファン・スティーニス（C. G. G. J. van Steenis, 1901-1981）　201
ファン・ダイク（J. A. van Dijk）　104
ファン・デァ・ポル（Jan van der Poll, 1726?-?1781）　135
ファン・ヘンメン，フランス・ゴダール・バーロン・ファン・リーデン（Frans Godard Baron van Lynden van Hemmen）　165
ファン・ロイエン親子（Adriaan van Royen, 1704-1779／David van Royen, 1727-1799）　53, 62, 135, 201, 206-208
ファン・ロックホルスト（J. van Lokhorst）　167
フィセリンク，シモン（Simon Vissering, 1818-1888）　98-101
フィリップ豪胆公（Philippe le Hardi, 1342-1404）　230
フィリップ善良公（Philippe le Bon, 1396-1467）　226, 227, 230
フィリップ端麗公（Philippe le Beau, 1478-1506）　231
フィリップ・ド・ルーブル（Philippe de Louvre, ?1349-1361）　229
フェリペ二世（Felipe II, 1527-1598）　20-22, 231
フェルディナント一世（Ferdinand I, 1503-1564）　20, 231
フォレスト（George Forrest, 1873-1932）　174
ブガンヴィーユ（Louis Antoine de Bougainville, 1729-1811）　73
福沢諭吉（1834-1901）　95
ブライネ，ヤコブ（Jacob Breyne, 1637-1697）　208
ブリー（Arthur Kilpin Bulley, 1861-1942）　174
古川庄八（1831-1912）　104
ブルマン，ヨハネス（Johannes Burman, 1707-1779）　49-50, 208
ブルーメ（Carl［Karl］Ludwig von Blume, 1796-1862）　66, 199
フロノヴィウス，ヨハン・フレデリク（Johan［Jan］Frederik Gronovius, 1686-1762）　49, 53, 59, 73, 208
ペティリウス（Quintus Petilius, 30頃-?）　178
ベルンハルト・フォン・リッペ＝ビーステターフェルド（Bernhard von Lipper-Biesterfeld, 1911-2004）　161
ホイジンガ　→　ハイシンハ
ボェルハーヴ，ヘルマン（Herman Boerhaave, 1668-1738）　44, 49-50, 53, 59-61, 84, 208, 212-213
ボーアン，ガスパール（Casper［Gaspard］Bauhin, 1560-1624）　41
ボーアン，ジャン（Jean Johannes Bauhin, 1541-1612）　41
ボーマー，ルイス（Louis B. Boehmer 1822-?1902）　69
ホットン（Peter Hotton, 1648-1709）　61
ホフマン，ヨハン・ヨセフ（Johann Joseph Hoffmann, 1805-1878）　95-100
ホルター，ダヴィット・デ（David de

シーボルト（Philipp Franz von Siebold, 1796-1866） 63-81, 87, 96-97, 104-105, 106, 135, 199
ジャカン（Nikolaus Joseph, Baron von Jacquin, 1727-1817） 208
シャルル五世（Charles V, 1337-1380） 230
シャルルマニュ（Charlemagne, 742-814） 181, 226
ジャン二世（Jean II, 1319-1364） 230
ジャン・ダヴェーヌ（Jean d'Avesnes, 1247-1304 エノー伯ヤン二世） 229
シュナイダー（C. K. Schneider, 1876-1951） 174
スターン（William Thomas Stearn, 1911-2001） 42, 176
スミス、ジェームズ（Sir James Smith, 1759-1828） 72
スランジュ，ニコラ・シャルル（Nicolas Charles Seringe, 1770-1858） 71
スリンハー（Willem Frederik Reinier Suringar, 1832-1898） 200
スローン，ハンス（Sir Hans Sloane, 1660-1753） 53
ソルベルク（Claes Sohlberg, 1711-1773） 59

【タ 行】

竹内保徳（1806-1867） 93
ダリバー，T. F.（T. F. Dalibard, 1709-1799） 211
津田真道（1829-1903） 97, 99-101
ツッカリーニ（Joseph Gerhard Zuccarini, 1797-1848） 64, 73, 80
ツーヌフォール（Joseph Pitton de Tournefort, 1656-1708） 208
ツュンベルク（Carl Peter Thunberg, 1743-1828） 62, 70-71, 134-136, 208
デ・アウデ，ヤン（Jan de Oude, 1535-1606） 22, 159
ティエリー・ジュスト（Thierr Justey Baron de Constant Rebecque de Villars） 165
ディオクレティアヌス（Diocletianus, 230頃-316頃） 188
テイラー，G.（G. Taylor, 1904-1993） 174
ディルク一世（Dirk I, ?-939） 229
ディルク二世（Dirk II, ?-988） 229
ディルク五世（Dirk V, ?-1091） 229
デカルト（René Descartes, 1596-1650） 212
デ・ボン，ヘレルド（Geraerdt de Bont） 84
テン・ホフェン，ダヴィット（David ten Hoven, 1724-1787） 135
ドイツ，ヨハニス（Johannis van der Deutz, 1743-1784） 135
ドゥ・ジュシュウ兄弟（Antoine de Jussieu, 1686-1758／Bernard de Jussieu, 1699-1776） 53
徳川昭武（1853-1910） 104-105
ドミティアヌス帝（Domitianus, 51-96） 188

【ナ 行】

西周（1829-1897） 97, 99-101
ニュートン（Sir Isaac Newton, 1643-1727） 212

【ハ 行】

ハーラー，ヴィクトル・アルブレヒト・フォン（Victor Albrecht von Haller, 1708-1777） 208
ハーヴィ，ウィリアム（William Harvey, 1578-1657） 212
ハイシンハ（Johan Huizinga, 1872-1945） 151, 225

人名索引

【ア　行】

アグリッパ（Agrippa, 前62頃-12）　188
伊藤玄伯　99
岩倉具視（1825-1883）　13
ウィレム一世（Willem I, 1533-1584）　22, 160
ウィレム二世（Willem II, 1227-1256ホラント伯）　229
ウィレム三世（Willem III, 在位1304-1337）　153, 159
ウィレム四世（Willem IV, 1307-1354）　153, 159
ウィレム五世（Willem V, 1330-?1388, 在位1354-1358）　154
ウィレム・ローデヴァイク（Willem Lodeuwijk, 1584-1620）　159, 162
エステンベルフ，エルンスト・ウィルヘルム（Ernesti Wilhelmi Westenbergii）　46
エッセル（エッシャー, Maurice Escher, 1898-1972）　164
エリザヴェータ・ペトロヴァナ（Elizaveta Petrovna, 1709-1762）　213
榎本武揚（釜次郎, 1836-1908）　99
エーレット（Georg Dionysius Ehret, 1708-1770）　54
オッカム（William of Occam, 1300頃-1349頃）　224
オットー一世（Otto I, 912-973）　226

【カ　行】

カウテルト，ウィベ（Wybe Kuitert）　172
カエサル、ユリウス（Jurius Caesar, 前102-44）　82
カール五世（Karl V, 1500-1558）　20, 158, 231
カール大帝　→　シャルルマニュ
川原慶賀（1786-?1862）　70
カント（Immanuel Kant, 1724-1804）　224
北村四郎（1906-2002）　75
キングドン・ウォード（F. Kingdon-Ward, 1885-1958）　174
久米邦武（1839-1931）　13-14
クリフォート，ジョージ（George Cliffort, 1685-1760）　50-51, 53
クルシウス（Charles de l'Écluse［Clusius］, 1526-1609）　84, 90-91
ケーネ（B. A. E. Koehne, 1848-1918）　174
ケンペル（Engelbert Kaempfer, 1651-1716）　47
コーナー（Edred John Henry Corner, 1906-1995）　176
コルブロ（Gnaeus Domitius Corbro, 7-67）　188
コンメルソン（Philibert Commerson, ?-1773）　72-73
コンラート二世（Konrad II, 990-1039）　227

【サ　行】

サージェント（Charles Sprague Sargent, 1841-1927）　174
サラ・エリザベス（通称リサ）（Sara Elisabeth［Lisa］Moraea, 1716-1806）　50

植物名索引

著者紹介

大場 秀章（おおば・ひであき）
1943年東京生まれ．理学博士（東京大学）．
現在、東京大学名誉教授、同総合研究博物館特任研究員．
専門：植物分類学、植物文化史．

【著書・訳書】
『日本森林紀行』八坂書房、1997
『バラの誕生』中公新書、1997
『江戸の植物学』東京大学出版会、1997
『ヒマラヤを越えた花々』岩波書店、1999
『花の男シーボルト』文春新書、2001
『道端植物園』平凡社新書、2002
『植物学と植物画』八坂書房、2003
『サラダ野菜の植物史』新潮選書、2004
『東京大学キャンパス案内』（共著）東京大学出版会、2004
『植物学のたのしみ』八坂書房、2005
『花の肖像』創土社、2006
『大場秀章著作選Ⅰ・Ⅱ』八坂書房、2006
他多数

植物学とオランダ

2007年 7月25日　初版第 1 刷発行

著　者　大　場　秀　章
発行者　八　坂　立　人
印刷・製本　モリモト印刷（株）

発行所　（株）八　坂　書　房
〒101-0064 東京都千代田区猿楽町1-4-11
TEL.03-3293-7975　FAX.03-3293-7977
URL.：http://www.yasakashobo.co.jp

ISBN 978-4-89694-894-3